くもんの小学ドリル

がんばり2年生
学しゅう記ろくひょう

名前

1	2	3	4	5	6	7	8
9	10	11	12	13	14	15	16
17	18	19	20	21	22	23	24
25	26	27	28	29	30	31	32
33	34	35	36	37	38	39	40
41	42	43	44	45	46		

あなたは
「くもんの小学ドリル　学力チェックテスト　2年生　算数」を、
さいごまで　やりとげました。
すばらしいです！
これからも　がんばってください。

1さつ　ぜんぶ　おわったら、
ここに　大きな　シールを

JN040686

1

かんせい🕐
目ひょう時間
20分

●ふくしゅうの めやす
1年生の 学力チェックテストな
どて しっかり ふくしゅうしよう!

合かく

0点 ━━ 80点 ━ 100点

**合 計
とく点**

／100点

1 □に あてはまる 数を かきましょう。　〔1もん　5点〕

① 10が 8つと, 1が 6つで □ です。

② 10が 7つで □ です。

③ 98は 10を □ つと, 1を 8つ あわせた 数です。

④ 100と あと 15で □ に なります。

2 3つの 数を, 大きい じゅんに かきましょう。〔1もん　5点〕

① 〔 86　46　68 〕➡ (　　　　　　)

② 〔 110　101　111 〕➡ (　　　　　　)

3 下の 数の線の □に あてはまる 数を かきましょう。
〔□1つ　5点〕

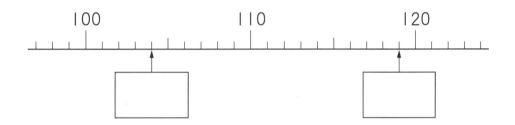

100　　　　110　　　　120

4 つぎの 計算を しましょう。 〔1もん 5点〕

① 3＋6　　　② 5＋2

③ 7＋9　　　④ 5＋8

⑤ 7－4　　　⑥ 10－8

⑦ 18－9　　　⑧ 14－5

5 かきが 13こ なって います。8こ とると, のこりは
なんこに なりますか。 〔10点〕

しき

答え （　　　　　）

6 ⑧と ⑰では, どちらが ひろいでしょうか。 〔1もん 5点〕

① （　　　）　　　② （　　　）

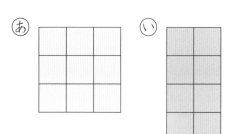

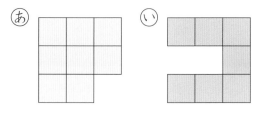

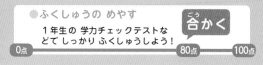

かんせい
目ひょう時間
20分

●ふくしゅうの めやす
1年生の 学力チェックテストな
どて しっかり ふくしゅうしよう！
0点　　　　　80点　　100点

合かく

合　計
とく点
／100点

1　□に　あてはまる　数を　かきましょう。　　　〔1もん　5点〕

① 59より　1　大きい　数は　□　です。

② 70より　1　小さい　数は　□　です。

③ 100より　2　大きい　数は　□　です。

④ 100より　2　小さい　数は　□　です。

2　つぎの　計算を　しましょう。　　　〔1もん　5点〕

①　20＋70

②　66＋3

③　40＋8

④　90－50

⑤　100－40

⑥　88－6

⑦　4＋6＋5

⑧　9－4－3

⑨　3＋7－4

⑩　10－2＋5

3 なん時なん分ですか。 〔1もん　5点〕

① （　　　　　） ② （　　　　　　） ③ （　　　　　）

4 ⓐと ⓘの 入れものに 水が どれだけ 入るか しらべました。どちらが どれだけ おおいでしょうか。 〔5点〕

［（　　　）の ほうが コップ（　　　）はいぶん おおい。］

5 りんごが 15こ あります。となりの いえに 7こ あげました。りんごは なんこ のこって いますか。 〔10点〕

しき

答え （　　　　　　）

1000までの 数(1)

き本の もんだいの チェックだよ。
てきなかった もんだいは, しっかり 学しゅう
してから かんせいテストを やろう!

合計とく点 ／100点

かんれんドリル

●数・りょう・図形 P.5～14

1 〈3けたの 数の しくみと あらわしかた〉
下の いろがみの えを 見て 答えましょう。〔1もん 5点〕

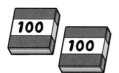

① 100まいの たばは
なんたば ありますか。（　　　　）

② いろがみは, ぜんぶで（　　　　）
なんまい ありますか。

／10点

 ぜんぶ てきたら

 数・りょう・図形 **5** ページ

2 〈3けたの 数の しくみと あらわしかた〉
下の いろがみの えを 見て 答えましょう。〔1もん 5点〕

① それぞれ なんたばと のこりは なんまい ありますか。

（100まい）（　　　　）（10まい）（　　　　）（のこり）（　　　　）

② いろがみは, ぜんぶで なんまい（　　　　）
ありますか。

／10点

 ぜんぶ てきたら 数・りょう・図形 **5** ページ

3 〈3けたの 数の しくみと あらわしかた〉
■ の 数字は なんの くらいの 数字ですか。

〔1もん 5点〕

① ３２１（　　　　） ② ４０５（　　　　）

／10点

 ぜんぶ てきたら

 数・りょう・図形 **9** ページ

4 〈3けたの 数の よみかた〉
よみかたを かん字で かきましょう。〔1もん 10点〕

① 526（　　　　） ② 490（　　　　）

／20点 ぜんぶ てきたら

 数・りょう・図形 **10** ページ

©くもん出版

〈3けたの 数の かきかた〉

5 つぎの 数を 数字で かきましょう。　〔1もん　10点〕

① 六百十 （　　　　　）　② 五百三 （　　　　　）

〈1000の 大きさ〉

6 下の いろがみの えを 見て 答えましょう。〔1もん　5点〕

① 100まいの たばは なんたば
ありますか。　（　　　　　）

② いろがみは, ぜんぶで なんまい
ありますか。　（　　　　　）

③ 1000の よみかたを かん字で
かきましょう。　（　　　　　）

〈数の線〉

7 下の 数の線を 見て 答えましょう。　〔1もん　5点〕

```
0   100  200  300  400  500  600  700  800  900  1000
├────┼────┼────┼────┼────┼────┼────┼────┼────┼────┤
```

① 1000は 100を いくつ あつめ
た 数ですか。　（　　　　　）

② 1000は 900に あと いくつを
たした 数ですか。　（　　　　　）

③ 1000より 200 小さい 数は
いくつですか。　（　　　　　）

©くもん出版

6

●ふくしゅうの めやす
合かく
き本テスト・かんれんドリルなどで
しっかり ふくしゅうしよう！
0点　　　　　　　　　90点　100点

合計 とく点 ／100点

かんれん ドリル

●数・りょう・図形　P.5〜16

1 つぎの　□に　あてはまる　数を　かきましょう。〔1もん　5点〕

① 100を　3つ，10を　5つ，1を　8つ　あわせた　数は

□　です。

② 100を　10　あつめた　数は　□　です。

③ 450は，10を　□　あつめた　数です。

④ 10を　13　あつめた　数は　□　です。

2 下の　数の線の　□に　あてはまる　数を　かきましょう。

〔□1つ　5点〕

①
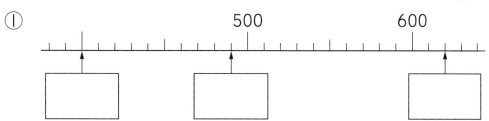

②
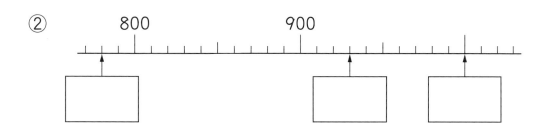

3 つぎの □に あてはまる 数を かきましょう。〔1もん 5点〕

① 899より 1 大きい 数は □ です。

② 700より 1 小さい 数は □ です。

③ 950に あと □ を たすと，1000に なります。

④ 1000より 1 小さい 数は □ です。

⑤ 600より 2 大きい 数は □ です。

⑥ 800より 2 小さい 数は □ です。

4 3けたの 数を かいた カードに すみを こぼして しまいました。どちらの 数が 大きいでしょうか。大きい ほうに ○を かきましょう。

〔1もん 5点〕

① ⓐ 46■■ ⓘ 5■9
( ) ( )

② ⓐ 8■9 ⓘ 7■2
( ) ( )

③ ⓐ 62■ ⓘ 63■
( ) ( )

④ ⓐ 706 ⓘ 7■9
( ) ( )

1000までの 数(2)

き本の もんだいの チェックだよ。
てきなかった もんだいは，しっかり 学しゅう
してから かんせいテストを やろう！

合計 とく点 ／100点

かんれん ドリル

●数・りょう・図形 P.29
●たし算 P.19・20，75・76
●ひき算 P.77・78，82・83

---

1 〈なん十の たし算〉
70＋50 は いくつですか。□に あてはまる 数を
かきましょう。 〔□1つ 4点〕

① 70は 10が □ こ，50は 10が □ この

ことです。ぜんぶで 10が □ こに なります。

② 10が 12こで □ です。

③ 70＋50＝ □

／20点

ぜんぶ てきたら

たし算 19・20 ページ

---

2 〈なん百の たし算〉
200＋700 は いくつですか。□に あてはまる 数を
かきましょう。 〔□1つ 5点〕

① 200は 100が □ こ，700は 100が □ この

ことです。ぜんぶで 100が □ こに なります。

② 200＋700＝ □

／20点

ぜんぶ てきたら

たし算 75・76 ページ

---

3 〈百なん十 ひく なん十の ひき算〉
110－40 は いくつですか。□に あてはまる 数を
かきましょう。 〔1もん 6点〕

① 110－40の 答えは 10が □ こです。

② 110－40＝ □

／12点

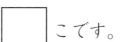
ぜんぶ てきたら

ひき算 77・78 ページ

4 〈なん百の ひき算〉

900－200 は いくつですか。□に あてはまる 数を かきましょう。　〔1もん　6点〕

① 900－200 の 答えは 100が □ こです。

② 900－200 ＝ □

5 〈＜, ＞, ＝の つかいかた〉

つぎの ①, ②, ③は, 右の □の 中の どの ことを あらわして いますか。あ, い, うの しるしを （ ）に かきましょう。　〔1もん　6点〕

① 9＞7 （ 　 ）

② 9＝9 （ 　 ）

③ 6＜8 （ 　 ）

> あ 6は 8より 小さい。
> い 9は 7より 大きい。
> う 9と 9は おなじ。

6 〈＜, ＞, ＝の つかいかた〉

つぎの ことを ＜, ＞, ＝を つかって あらわします。□に あてはまる ＜, ＞, ＝を かきましょう。　〔1もん　6点〕

① 5は 3より 大きい。　➡　5 □ 3

② 8と 8は 同じ。　➡　8 □ 8

③ 3は 5より 小さい。　➡　3 □ 5

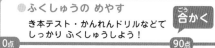
●ふくしゅうの めやす
き本テスト・かんれんドリルなどて
しっかり ふくしゅうしよう！
合かく
0点　　　　90点　　100点

合計とく点　／100点

かんれんドリル
●数・りょう・図形 P.29
●たし算 P.19・20, 73〜76
●ひき算 P.77〜84

1 つぎの 計算を しましょう。　〔1もん　3点〕

① 70＋60　　　　② 90＋80

③ 400＋30　　　　④ 300＋7

⑤ 200＋700　　　⑥ 300＋500

⑦ 200＋800　　　⑧ 400＋600

2 つぎの 計算を しましょう。　〔1もん　3点〕

① 120－70　　　　② 150－90

③ 380－80　　　　④ 706－6

⑤ 600－400　　　⑥ 800－300

⑦ 1000－200　　　⑧ 1000－600

3 左と 右の ぼうは, ぜんぶで なん本 ありますか。　〔10点〕

 と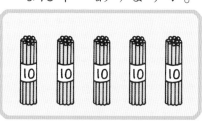

しき

答え （　　　　　）

4 500円 もって います。200円 つかうと，のこりは
なん円に なりますか。　　　　　　　　　　　〔10点〕

しき

答え（　　　　　　　）

5 つぎの □に あてはまる ＜，＞の しるしを かきましょう。
　　　　　　　　　　　　　　　　　　　　　　〔1もん　3点〕

① 698 □ 697　　　② 98 □ 102

③ 693 □ 701　　　④ 581 □ 526

6 つぎの □に あてはまる ＜，＞，＝の しるしを かきま
しょう。　　　　　　　　　　　　　　　　　〔1もん　4点〕

① 160 □ 70＋80　　　② 700 □ 750－50

③ 850 □ 800＋5　　　④ 1000－300 □ 900

⑤ 140－60 □ 80

き本の もんだいの チェックだよ。
てきなかった もんだいは, しっかり 学しゅう
してから かんせいテストを やろう!

合計 とく点 ／100点

かんれん ドリル

●数・りょう・図形 P.17〜26

〈4けたの 数の しくみと あらわしかた〉

1 下の いろがみの えを 見て 答えましょう。〔( )1つ 4点〕

／20点

✓ぜんぶ てきたら

数・りょう・図形 **17** ページ

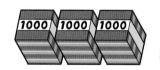 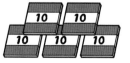

① それぞれ なんたばと, のこりは なんまいですか。

（1000まい）( )　（100まい）( )　（10まい）( )　（のこり）( )

② いろがみは, ぜんぶで なんまい
ありますか。　( )

〈4けたの 数の しくみと あらわしかた〉

2 ■の 数字は なんの くらいですか。　〔1もん 5点〕

／10点

✓ぜんぶ てきたら

数・りょう・図形 **21・22** ページ

① 2741 ( )　② 5042 ( )

〈4けたの 数の しくみと あらわしかた〉

3 つぎの 数を かきましょう。　〔1もん 10点〕

／20点

✓ぜんぶ てきたら

数・りょう・図形 **21・22** ページ

① 千のくらいが 2, 百のくらいが 7, 十のくらいが
1, 一のくらいが 4の 数　( )

② 千のくらいが 9, 百のくらいが 0, 十のくらいが
3, 一のくらいが 5の 数　( )

4 〈4けたの 数の よみかた〉

つぎの 数の よみかたを かん字で かきましょう。

〔1もん 5点〕

① 3846 (　　　　　　　　) ② 6075 (　　　　　　　　)

10点
ぜんぶ てきたら
数・りょう・図形 21・22ページ

5 〈4けたの 数の かきかた〉

つぎの 数を 数字で かきましょう。　〔1もん 5点〕

① 四千九百三十八 (　　　　　　) ② 八千五 (　　　　　　)

10点
ぜんぶ てきたら
数・りょう・図形 21・22ページ

6 〈10000の 大きさ〉

いろがみの えを 見て 答えましょう。　〔1もん 5点〕

① 1000の たばは なんたば
ありますか。(　　　　　　)

② いろがみは ぜんぶで なんまい
ありますか。(　　　　　　)

③ 10000の よみかたを かん字で
かきましょう。(　　　　　　)

15点
ぜんぶ てきたら
数・りょう・図形 17ページ

7 〈数の線〉

つぎの 数の線を 見て 答えましょう。　〔1もん 5点〕

0 1000 2000 3000 4000 5000 6000 7000 8000 9000 10000

① 10000は 千を いくつ あつめた
数ですか。(　　　　　　)

② 10000は, 9000に あと いくつを
たした 数ですか。(　　　　　　)

③ 10000より 2000 小さい 数は
いくつですか。(　　　　　　)

15点
ぜんぶ てきたら
数・りょう・図形 23ページ

10000までの 数

●ふくしゅうの めやす
き本テスト・かんれんドリルなどで
しっかり ふくしゅうしよう！
0点　90点　100点

合計とく点 ／100点

かんれんドリル ●数・りょう・図形 P.17〜30

1 下の えの 数を 数字で かきましょう。 〔1もん 5点〕

①
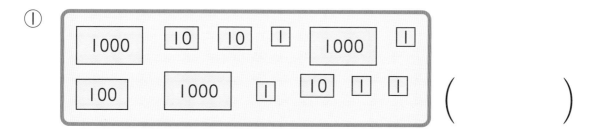

(　　　　　)

②
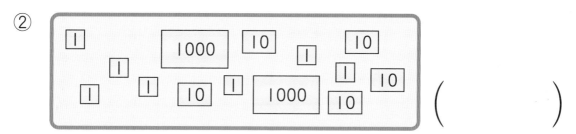

(　　　　　)

2 つぎの □に あてはまる 数を かきましょう。〔1もん 5点〕

① 2800は 100を □ あつめた 数です。

② 100を 15 あつめた 数は □ です。

③ 100を 40 あつめた 数は □ です。

④ 100を 20と，1を 7つ あつめた 数は □ です。

⑤ 10を 500 あつめた 数は □ です。

3 下の 数の線の □に あてはまる 数を かきましょう。

〔□1つ 5点〕

①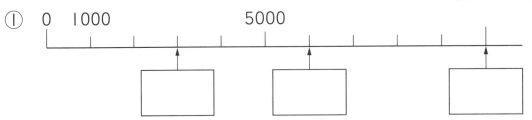

②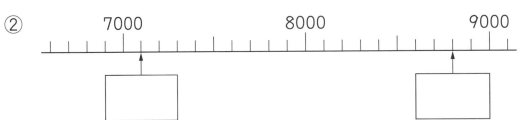

4 つぎの □に あてはまる 数を かきましょう。 〔1もん 5点〕

① 4009より 1 大きい 数は ☐ です。

② 6000より 1 小さい 数は ☐ です。

③ 7999より 1 大きい 数は ☐ です。

④ 10000より 1 小さい 数は ☐ です。

5 つぎの □に あてはまる <，>の しるしを かきましょう。

〔1もん 10点〕

① 5800 ☐ 8500   ② 7640 ☐ 7540

き本の もんだいの チェックだよ。
てきなかった もんだいは, しっかり 学しゅう
してから かんせいテストを やろう!

合計 とく点 ／100点

かんれん ドリル ●たし算 P.21〜42

〈たし算の ひっ算〉

1 32＋14の 計算を ひっ算で します。①から ③の じゅんに □に あてはまる 数を 答えましょう。

〔ぜんぶ できて 18点〕

十の くらい	一の くらい
3	2
＋	

① 14を, 32と くらいを たてに そろえて 左に かきましょう。

② はじめに, 一のくらいを 計算します。

$$2＋4＝6$$

6を 一のくらいに かきましょう。

③ つぎに, 十のくらいを 計算します。

$$3＋1＝4$$

4を 十のくらいに かきましょう。

〈くり上がりの ある たし算〉

2 35＋8の 計算を ひっ算で します。□に あてはまる 数を かきましょう。 〔1もん 10点〕

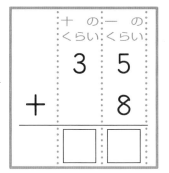

十の くらい	一の くらい
3	5
＋	8

① 一のくらいを 計算します。

$$5＋8＝\boxed{}$$

13の 3を 一のくらいに かきます。

② 十のくらいを 計算します。
1 くり上がって いるので,

$$1＋3＝\boxed{}$$

③ 上の ひっ算の □に 答えを かきましょう。

3 56＋29の　計算を　ひっ算で　します。□に　あてはまる　数を　かきましょう。　〔1もん　10点〕

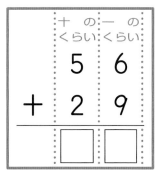

①　一のくらいを　計算します。

$$6＋9＝15$$

15の　□を　一のくらいに
かきます。

②　十のくらいを　計算します。
　1　くり上がって　いるので,

$$1＋5＋2＝□$$

③　上の　ひっ算の　□に　答えを　かきましょう。

4 36＋28の　計算を　しましょう。また，答えの
たしかめも　しましょう。　〔1もん　11点〕

①　36＋28の　ひっ算を　　②　答えの　たしかめを
　しましょう。　　　　　　　　しましょう。

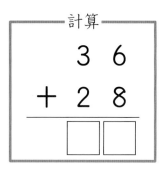

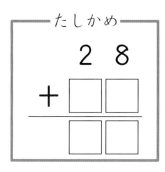

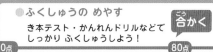
● ふくしゅうの めやす

き本テスト・かんれんドリルなどで
しっかり ふくしゅうしよう！

合かく

0点 ─── 80点 ─── 100点

合計
とく点

╱100点

かんれん
ドリル

●たし算 P.21〜42

---

1 つぎの 計算を ひっ算で しましょう。　〔1もん　5点〕

① 43＋26　　　　② 30＋64

③ 85＋3　　　　④ 7＋52

---

2 つぎの 計算を しましょう。　〔1もん　5点〕

①
```
   5 8
＋    6
```

②
```
   7 4
＋    8
```

③
```
   4 2
＋    8
```

④
```
   3 1
＋    9
```

3 つぎの 計算を しましょう。 〔1もん 5点〕

①
$$\begin{array}{r} 38 \\ +25 \\ \hline \end{array}$$

②
$$\begin{array}{r} 19 \\ +27 \\ \hline \end{array}$$

③
$$\begin{array}{r} 64 \\ +28 \\ \hline \end{array}$$

④
$$\begin{array}{r} 46 \\ +37 \\ \hline \end{array}$$

⑤
$$\begin{array}{r} 32 \\ +38 \\ \hline \end{array}$$

⑥
$$\begin{array}{r} 54 \\ +36 \\ \hline \end{array}$$

4 つぎの 計算を しましょう。また, 答えの たしかめも しましょう。 〔□1つ 5点〕

① 47＋25

〈計算〉 〈たしかめ〉

② 7＋68

〈計算〉 〈たしかめ〉

5 さくらさんは, 本を きのうまでに 56ページ よみました。 きょうは 28ページ よみました。

ぜんぶで なんページ よみましたか。 〔10点〕

しき

答え （　　　　）

たし算(2)

き本の もんだいの チェックだよ。
できなかった もんだいは，しっかり 学しゅう
してから かんせいテストを やろう！

合 計
とく点 ／100点

かんれん ドリル

●たし算　P.43〜64

〈答えが　3けたに　なる　たし算〉

1 52＋74の　計算を　ひっ算で　します。□に　あてはまる
数を　かきましょう。　　〔1もん　ぜんぶ　できて　6点〕

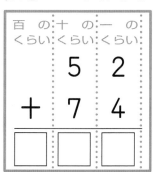

① 一のくらいを　計算します。

2＋4＝□

② 十のくらいを　計算します。

5＋7＝□，□の　2を
十のくらいに　かきます。

③ 百のくらいを　計算します。

１　くり上がって　いるので，百のくらいは　□　です。

④ 上の　ひっ算の　□に　答えを　かきましょう。

〈答えが　3けたに　なる　たし算〉

2 68＋75の　計算を　ひっ算で　します。□に　あてはまる
数を　かきましょう。　　〔1もん　ぜんぶ　できて　6点〕

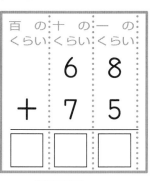

① 一のくらいを　計算します。

8＋5＝□，□の　3を
一のくらいに　かきます。

② 十のくらいを　計算します。

１　くり上がって　いるので，

1＋6＋7＝□

□の　4を　十のくらいに　かきます。

③ 百のくらいを　計算します。

１　くり上がって　いるので，百のくらいは　□　です。

④ 上の　ひっ算の　□に　答えを　かきましょう。

〈答えが　3けたに　なる　たし算〉

3 65＋39の　計算を　ひっ算で　します。□に　あてはまる
数を　かきましょう。　　　　　〔1もん　ぜんぶ　できて　6点〕

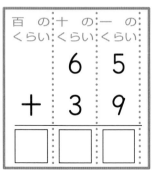

① 一のくらいを　計算します。

$$5＋9＝\boxed{}$$

$\boxed{}$ の　4を　一のくらいに
かきます。

② 十のくらいを　計算します。

１　くり上がって　いるので,

$$1＋6＋3＝\boxed{}$$

$\boxed{}$ の　0を　十のくらいに　かきます。

③ 百のくらいを　計算します。

１　くり上がって　いるので, 百のくらいは　$\boxed{}$ です。

④ 上の　ひっ算の　□に　答えを　かきましょう。

〈答えが　3けたに　なる　たし算〉

4 97＋8の　計算を　ひっ算で　します。□に　あてはまる
数を　かきましょう。　　　　　〔1もん　ぜんぶ　できて　7点〕

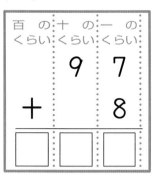

① 一のくらいを　計算します。

$$7＋8＝\boxed{}$$

$\boxed{}$ の　5を　一のくらいに
かきます。

② 十のくらいを　計算します。

１　くり上がって　いるので,

$$1＋9＝\boxed{}$$

$\boxed{}$ の　0を　十のくらいに　かきます。

③ 百のくらいを　計算します。

１　くり上がって　いるので, 百のくらいは　$\boxed{}$ です。

④ 上の　ひっ算の　□に　答えを　かきましょう。

1 〈3けたの たし算〉けいさん
235＋12の 計算を ひっ算で します。①から ④の
じゅんに □に あてはまる 数を 答えましょう。

〔ぜんぶ できて 20点〕

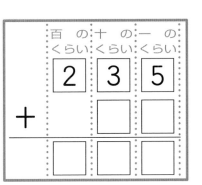

① 12を, 235と くらいを
たてに そろえて, 左に かきま
しょう。

② はじめに, 一のくらいを
計算します。

$$5＋2＝7$$

7を 一のくらいに かきま
しょう。

③ 十のくらいを 計算します。

$$3＋1＝4$$

4を 十のくらいに かきましょう。

④ 百のくらいの 数は たす数が ないので, 2を
そのまま おろします。

2を 百のくらいに かきましょう。

2 〈くり上がる 3けたの たし算〉

247＋9の 計算を ひっ算で します。□に あてはまる
数を かきましょう。　　　　　〔1もん ぜんぶ できて 10点〕

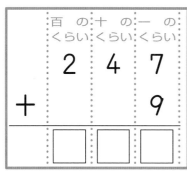

百の くらい	十の くらい	一の くらい
2	4	7
＋		9
□	□	□

① 一のくらいを 計算します。

$$7＋9＝\boxed{}$$

$\boxed{}$ の 6を 一のくらいに

かきます。

② 十のくらいを 計算します。
　 1 くり上がって いるので,

$$1＋4＝\boxed{}$$

③ 百のくらいの 数は たす数が ないので, $\boxed{}$ を
そのまま おろします。

④ 上の ひっ算の □に 答えを かきましょう。

3 〈くり上がる 3けたの たし算〉

528＋37の 計算を ひっ算で します。□に あてはまる
数を かきましょう。　　　　　〔1もん 10点〕

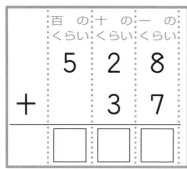

百の くらい	十の くらい	一の くらい
5	2	8
＋	3	7
□	□	□

① 一のくらいを 計算します。

$$8＋7＝\boxed{}$$

② 十のくらいを 計算します。
　 1 くり上がって いるので,

$$1＋2＋3＝\boxed{}$$

③ 百のくらいの 数は たす数が ないので, $\boxed{}$ を
そのまま おろします。

④ 上の ひっ算の □に 答えを かきましょう。

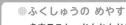
たし算(2)

●ふくしゅうの めやす
き本テスト・かんれんドリルなどて
しっかり ふくしゅうしよう！

0点　　　　80点　　100点

合計とく点　　　／100点

かんれんドリル　●たし算　P.43〜66
●文しょうだい　P.3〜8

1　つぎの　計算を　しましょう。　　　　〔1もん　4点〕

①
```
   6 2
 + 5 4
```

②
```
   8 5
 + 4 3
```

③
```
   3 6
 + 7 2
```

④
```
   4 0
 + 9 7
```

⑤
```
   5 0
 + 8 0
```

⑥
```
   6 3
 + 4 4
```

⑦
```
   4 5
 + 9 6
```

⑧
```
   6 8
 + 5 4
```

⑨
```
   3 7
 + 6 6
```

⑩
```
   9 5
 +   8
```

⑪
```
   7 4
 + 3 7
```

⑫
```
     6
 + 9 9
```

2 つぎの　計算を　しましょう。　　　　　　　　　　　〔1もん　5点〕

①　　　１２３
　　＋　　６５

②　　　２３６
　　＋　　２３

③　　　２１７
　　＋　　　８

④　　　３２４
　　＋　　３９

⑤　　　５０３
　　＋　　２８

⑥　　　６３４
　　＋　　３６

3　2年生　72人と，3年生　69人が　あつまって　います。
ぜんぶで　なん人　いますか。　　　　　　　　　　　　　　　〔11点〕

しき

答え　　　

4　525円の　はさみと，68円の　けしゴムを　かいます。ぜんぶで
なん円に　なりますか。　　　　　　　　　　　　　　　　　〔11点〕

しき

答え　　　

ひき算(1)

〈ひき算の ひっ算〉

1 38−12の 計算を ひっ算で します。①から ③の
じゅんに □に あてはまる 数を 答えましょう。

〔ぜんぶ できて 18点〕

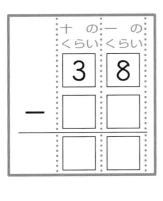

① 12を, 38と くらいを たてに
そろえて 左に かきましょう。

② はじめに, 一のくらいを 計算しま
す。

$$8-2=6$$

6を 一のくらいに かきましょう。

③ つぎに, 十のくらいを 計算します。

$$3-1=2$$

2を 十のくらいに かきましょう。

／18点

ぜんぶ
てきたら

ひき算 **17**
ページ

〈くり下がりの ある ひき算〉

2 35−6の 計算を ひっ算で します。□に あてはまる
数を かきましょう。 〔1もん 10点〕

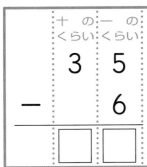

① 一のくらいを 計算します。
5から 6は ひけないので, 十の
くらいから 1 くり下げて,

$$15-6=\boxed{}$$

② 十のくらいを 計算します。
1 くり下げたので, 十のくらいの
3は □に なって います。

③ 上の ひっ算の □に 答えを かきましょう。

／30点

ぜんぶ
てきたら

ひき算 **17**
ページ

〈くり下がりの ある ひき算〉

3 42－17の 計算を ひっ算で します。□に あてはまる
数を かきましょう。　　　　　〔1もん ぜんぶ できて 10点〕

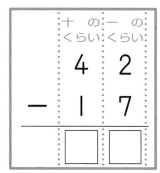

ひき算 27ページ

① 一のくらいを 計算します。

2から 7は ひけないので, 十の
くらいから 1 くり下げて,

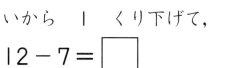

12－7＝□

② 十のくらいを 計算します。

1 くり下げたので, 十のくらいの
4は □に なって います。

3－1＝□

③ 上の ひっ算の □に 答えを
かきましょう。

〈答えの たしかめ〉

4 64－28の 計算を しましょう。また, 答えの
たしかめも しましょう。　　　　　　　〔1もん 11点〕

① 64－28の ひっ算を
しましょう。

② 答えの たしかめを
しましょう。

ひき算 27ページ

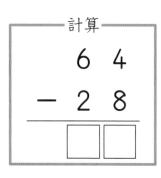

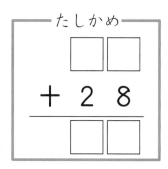

15 かんせいテスト ひき算(1)

かんせい
目ひょう時間 15分

●ふくしゅうの めやす
き本テスト・かんれんドリルなどて
しっかり ふくしゅうしよう！

合かく

0点 ━━━ 80点 ━ 100点

合計
とく点

／100点

かんれん
ドリル

●ひき算　P.17〜46
●文しょうだい　P.3〜8

1 つぎの 計算を ひっ算で しましょう。　　〔1もん　5点〕

① 46 － 23

② 58 － 4

③ 38 － 18

④ 27 － 24

2 つぎの 計算を しましょう。　　〔1もん　5点〕

①
```
  4 5
－   9
```

②
```
  7 1
－   8
```

③
```
  8 0
－   7
```

④
```
  9 0
－   6
```

3 つぎの 計算を しましょう。 〔1もん 5点〕

①
```
  5 2
- 1 8
```

②
```
  9 4
- 3 6
```

③
```
  5 0
- 2 4
```

④
```
  8 0
- 5 5
```

⑤
```
  4 2
- 3 5
```

⑥
```
  6 0
- 5 8
```

4 つぎの 計算を しましょう。また，答えの たしかめも しましょう。 〔□1つ 5点〕

① 36 − 17

〈計算〉　　〈たしかめ〉

② 72 − 28

〈計算〉　　〈たしかめ〉

5 あめが 45こ あります。そのうち 18こ たべました。 あめは なんこ のこって いますか。 〔10点〕

しき

答え （　　　　）

き本の もんだいの チェックだよ。
できなかった もんだいは，しっかり 学しゅう
してから かんせいテストを やろう！

合計
とく点 ／100点

かんれん
ドリル

●ひき算 P.51〜68

1 〈ひき算の ひっ算〉けいさん
138−52の 計算を ひっ算で します。①から ③の
じゅんに □に あてはまる 数を 答えましょう。

〔ぜんぶ できて 16点〕

① 52を，138と くらいを たてに
そろえて，左に かきましょう。

② はじめに，一のくらいを 計算し
ます。

$$8−2=6$$

6を 一のくらいに かきましょう。

③ 十のくらいを 計算します。

3から 5は ひけないので，百のくらいから 1
くり下げて，

$$13−5=8$$

8を 十のくらいに かきましょう。

2 〈3けた ひく 2けたの 計算〉
127−54の 計算を ひっ算で します。□に あてはまる
数を かきましょう。

〔1もん 8点〕

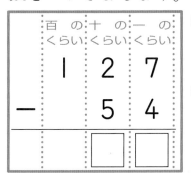

① 一のくらいを 計算します。

$$7−4=\boxed{}$$

② 十のくらいを 計算します。
2から 5は ひけないので，
百のくらいから 1 くり下げて，

$$12−5=\boxed{}$$

③ 上の ひっ算の □に 答えを かきましょう。

3 〈3けた ひく 2けたの 計算〉

132−68の 計算を ひっ算で します。□に あてはまる 数を かきましょう。 〔1もん ぜんぶ できて 10点〕

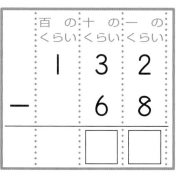

① 一のくらいを 計算します。

2から 8は ひけないので, 十のくらいから 1 くり下げて,

12−8=□

② 十のくらいを 計算します。

1 くり下げたので, 十のくらい の 3は □に なって います。

□から 6は ひけないので, 百のくらいから 1 くり下げて,

12−6=□

③ 上の ひっ算の □に 答えを かきましょう。

4 〈つづけて くり下がる ひき算〉

105−7の 計算を ひっ算で します。□に あてはまる 数を かきましょう。 〔1もん 10点〕

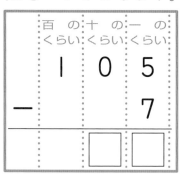

① 一のくらいを 計算します。

5から 7は ひけません。十の くらいは 0なので, 百のくらいか ら 1 くり下げて, 十のくらいを 10に します。つぎに 十のくら いから 1 くり下げて,

15−7=□

② 十のくらいを 計算します。十のくらいは 1 くり下 げたので, □に なって います。

③ 上の ひっ算の □に 答えを かきましょう。

 /30点

ぜんぶ できたら

ひき算 57 ページ

 /30点

ぜんぶ できたら

ひき算 66 ページ

ひき算(2)

き本の もんだいの チェックだよ。
てきなかった もんだいは，しっかり 学しゅう
してから かんせいテストを やろう！

ご合計とく点 ／100点

かんれんドリル

●ひき算 P.47〜50

〈答えが 3けたに なる ひき算〉

1 165−23の 計算を ひっ算で します。□に あてはまる
数を かきましょう。 〔1もん 6点〕

／24点

✓ ぜんぶてきたら

ひき算 47ページ

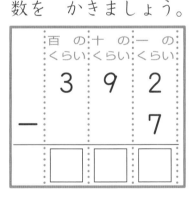

① 一のくらいを 計算します。

$5-3=\boxed{}$

② 十のくらいを 計算します。

$6-2=\boxed{}$

③ 百のくらいの 数は ひく数が
ないので □ を そのまま
おろします。

④ 上の ひっ算の □に 答えを かきましょう。

〈答えが 3けたに なる ひき算〉

2 392−7の 計算を ひっ算で します。□に あてはまる
数を かきましょう。 〔1もん 6点〕

／24点

✓ ぜんぶてきたら

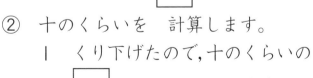

① 一のくらいを 計算します。
2から 7は ひけないので，
十のくらいから １ くり下げて，

$12-7=\boxed{}$

② 十のくらいを 計算します。
１ くり下げたので，十のくらいの
9は □ に なって います。

③ 百のくらいの 数は ひく数が ないので，□ を
そのまま おろします。

④ 上の ひっ算の □に 答えを かきましょう。

〈答えが　3けたに　なる　ひき算〉

3 　376−28の　計算を　ひっ算で　します。□に　あてはまる
数を　かきましょう。　　　　　〔1もん　ぜんぶ　できて　6点〕

ひき算　47ページ

① 　一のくらいを　計算します。
　　6から　8は　ひけないので，
　　十のくらいから　1　くり下げて，
　　16−8=□

② 　十のくらいを　計算します。1　くり下げたので，十
　　のくらいの　7は　□　に　なって　います。6−2=□

③ 　百のくらいの　数は　ひく数が　ないので，□　を
　　そのまま　おろします。

④ 　上の　ひっ算の　□に　答えを　かきましょう。

〈答えが　3けたに　なる　ひき算〉

4 　425−18の　計算を　ひっ算で　します。□に　あてはまる
数を　かきましょう。　　　　　〔1もん　ぜんぶ　できて　7点〕

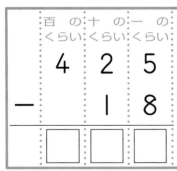

ひき算　47ページ

① 　一のくらいを　計算します。
　　5から　8は　ひけないので，
　　十のくらいから　1　くり下げて，
　　15−8=□

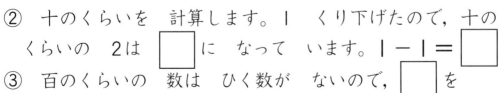

② 　十のくらいを　計算します。1　くり下げたので，十の
　　くらいの　2は　□　に　なって　います。1−1=□

③ 　百のくらいの　数は　ひく数が　ないので，□　を
　　そのまま　おろします。

④ 　上の　ひっ算の　□に　答えを　かきましょう。

●ふくしゅうの めやす
き本テスト・かんれんドリルなどで
しっかり ふくしゅうしよう！

合かく

0点 ━━━━━ 80点 ━ 100点

合計とく点 | /100点

かんれんドリル
●ひき算　P.47～68
●文しょうだい　P.35～44

---

1 つぎの 計算を しましょう。　〔1もん　4点〕

①
```
  1 3 6
−   5 2
```

②
```
  1 1 8
−   7 3
```

③
```
  1 0 5
−   6 4
```

④
```
  1 0 4
−   5 4
```

⑤
```
  1 4 7
−   9 0
```

⑥
```
  1 1 3
−   4 3
```

⑦
```
  1 2 6
−   5 8
```

⑧
```
  1 5 3
−   9 7
```

⑨
```
  1 4 0
−   7 5
```

⑩
```
  1 0 2
−   6 9
```

⑪
```
  1 3 5
−   3 6
```

⑫
```
  1 0 4
−     8
```

2 つぎの 計算を しましょう。　　　　〔1もん　5点〕

① 　278
　－　42

② 　243
　－　13

③ 　352
　－　　6

④ 　384
　－　17

⑤ 　460
　－　28

⑥ 　536
　－　29

3 ふねに 大人が 105人, 子どもが 48人 のって います。
人数の ちがいは なん人ですか。　　　　〔11点〕

 しき

 答え （　　　　　　）

4 いろがみが 252まい あります。そのうち 25まい つかうと
のこりは なんまいに なりますか。　　　　〔11点〕

 しき

答え （　　　　　　）

き本の もんだいの チェックだよ。
てきなかった もんだいは，しっかり 学しゅう
してから かんせいテストを やろう！

合計 とく点 　／100点

かんれん ドリル
●たし算 P.79・80
●ひき算 P.89・90

---

1 〈3つの 数の 計算〉
つぎの 計算を 2とおりの しかたで 計算します。

〔1もん 5点〕

／15点

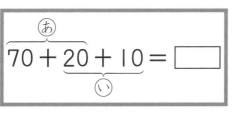

$$\overbrace{70 + \underbrace{20 + 10}_{ⓘ}}^{ⓐ} = \boxed{}$$

① はじめに ⓐを 計算して，3つの 数の 計算の 答えを もとめましょう。（　　　）

② はじめに ⓘを 計算して，3つの 数の 計算の 答えを もとめましょう。（　　　）

③ ⓐを 先に 計算した 答えと，ⓘを 先に 計算した 答えは おなじですか，ちがいますか。（　　　）

---

2 〈3つの 数の 計算〉
つぎの 計算を 2とおりの しかたで 計算します。

〔1もん 5点〕

／15点

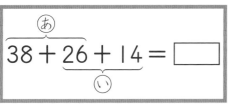

$$\overbrace{38 + \underbrace{26 + 14}_{ⓘ}}^{ⓐ} = \boxed{}$$

① はじめに ⓐを 計算して，3つの 数の 計算の 答えを もとめましょう。（　　　）

② はじめに ⓘを 計算して，3つの 数の 計算の 答えを もとめましょう。（　　　）

③ ⓐを 先に 計算した 答えと，ⓘを 先に 計算した 答えは おなじですか，ちがいますか。（　　　）

3 〈( )の いみ〉

つぎの 2つの しきで, 50＋20 を 先に 計算する ことを あらわした しきは ⓐと ⓘの どちらですか。

〔10点〕

ⓐ　30＋50＋20

ⓘ　30＋(50＋20)

（　　　）

たし算　79・80ページ

4 〈3つの 数の 計算〉

□に あてはまる 数を かきましょう。　〔□1つ　5点〕

① 37＋(18＋22)＝37＋ ⓐ ＝ ⓘ

② 49＋3＋17＝49＋ ⓐ ＝ ⓘ

たし算　79・80ページ

5 〈3つの 数の 計算〉

□に あてはまる 数を かきましょう。　〔□1つ　5点〕

① 80－20－10＝ ⓐ －10＝ ⓘ

② 107－43－14＝ ⓐ －14＝ ⓘ

③ 36－19＋13＝ ⓐ ＋13＝ ⓘ

④ 52＋23－12＝ ⓐ －12＝ ⓘ

ひき算　89・90ページ

ひき算だけの 計算や, たし算と ひき算の まじった 計算は, しきの 左から じゅんに 計算します。

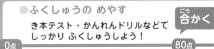

たし算と ひき算

●ふくしゅうの めやす

き本テスト・かんれんドリルなどて
しっかり ふくしゅうしよう!

合かく

0点　　80点　　100点

合 計
とく点
　　／100点

かんれん
ドリル

●たし算　P.79～82
●ひき算　P.89・90
●文しょうだい　P.31・32

1 つぎの 計算を しましょう。　　　　　　　　〔1もん　4点〕

①　39＋(8＋2)　　　　　②　64＋(19＋1)

③　26＋12＋8　　　　　④　35＋16＋24

2 つぎの 計算を しましょう。　　　　　　　　〔1もん　4点〕

①　26＋3＋7　　　　　②　83－36＋4

③　47＋13＋8　　　　　④　68－21－14

3 あん算で 計算しましょう。　　　　　　　　〔1もん　4点〕

①　34＋8　　　　　②　67＋6

③　9＋75　　　　　④　7＋45

4 あん算で 計算しましょう。　　　　　　　　〔1もん　4点〕

①　54－6　　　　　②　40－7

③　34－5　　　　　④　61－9

5 つぎの 計算を しましょう。 〔1もん 8点〕

①
```
   1 4
   5 9
 ＋2 3
```

②
```
   4 7
   1 8
 ＋2 9
```

6 15人の 子どもが, ボールで あそんで いました。そこへ 7人 きました。また 3人 きました。子どもは ぜんぶで なん人に なりましたか。 〔10点〕

 しき

 答え （　　　　　　　　　）

7 こうえんで, 子どもが 26人 あそんで います。17人が かえりました。それから また 3人 かえりました。
まだ あそんで いる 子どもは, なん人 いますか。 〔10点〕

 しき

 答え （　　　　　　　　　）

き本の もんだいの チェックだよ。
てきなかった もんだいは，しっかり 学しゅう
してから かんせいテストを やろう！

合計 とく点 ／100点

かんれん ドリル
●数・りょう・図形　P.39〜44
●文しょうだい　P.11〜14

1 〈長さの あらわしかた〉
下の ものさしを 見て 答えましょう。 〔1もん 10点〕

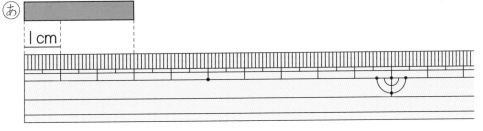

① ⓐの 長さは，1cmが なんこぶんの 長さですか。 （　　　　　）

② ⓐの 長さは なんcmですか。 （　　　　　）

／20点
ぜんぶ てきたら
数・りょう・図形 39・40ページ

2 〈長さの あらわしかた〉
下の ものさしを 見て 答えましょう。 〔1もん 10点〕

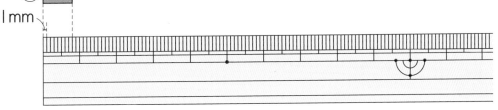

① ⓐの 長さは，1mmが なんこぶんの 長さですか。 （　　　　　）

② ⓐの 長さは なんmmですか。 （　　　　　）

／20点
ぜんぶ てきたら
数・りょう・図形 41・42ページ

3 〈センチメートルと ミリメートル〉
1cmは なんmmですか。下の えを 見て 答えましょう。
〔10点〕

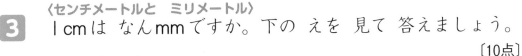

（　　　　　）

／10点
ぜんぶ てきたら
数・りょう・図形 41・42ページ

4 下の　テープの　長さを　はかりました。　〔1もん　10点〕

① テープの　長さは　なんcmなんmmですか。

$$\left(\boxed{}\text{cm}\ \boxed{}\text{mm} \right)$$

② テープの　長さは　なんmmですか。

$$\left(\text{mm} \right)$$

数・りょう・図形　43・44ページ

〈長さの　たし算・ひき算〉

5 下の　えを　見て　答えましょう。〔1もん　ぜんぶ　できて　15点〕

あ　　　　　　　　　　　　　　　　　　　い

① あと　いを　あわせた　長さを　もとめます。　□に
あてはまる　長さを　かいて，答えを　もとめましょう。

しき　$8\,\text{cm}\,5\,\text{mm}+\boxed{}=\boxed{}$

答え $\left(\right)$

② あと　いの　長さの　ちがいを　もとめます。□に
あてはまる　長さを　かいて，答えを　もとめましょう。

しき　$\boxed{}-3\,\text{cm}=\boxed{}$

答え $\left(\right)$

文しょうだい　11ページ

長 さ(1)

●ふくしゅうの めやす
き本テスト・かんれんドリルなどて
しっかり ふくしゅうしよう！
0点 ――― 80点 ――― 100点

合計 ごうけい
とく点 　　　／100点

かんれん
ドリル
●数・りょう・図形　P.39〜44
●文しょうだい　P.11〜14

1 左はしから あ，い，う，え，おまでの 長さは どれだけですか。
〔1つ　5点〕

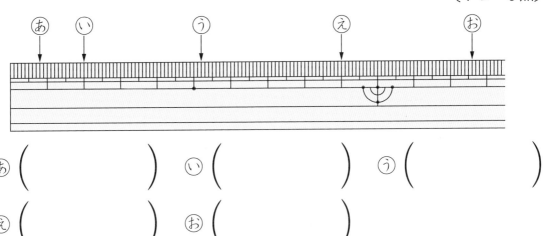

あ （　　　　　　　　） い （　　　　　　　　） う （　　　　　　　　）

え （　　　　　　　　） お （　　　　　　　　）

2 下の 直線の 長さを はかり，（ ）に かきましょう。
〔1もん　5点〕

① ━━━━━　（　　　　　　）

② ───────────
（　　　　　　）

3 つぎの 長さの 直線を ひきましょう。　〔1もん　5点〕

① 5cm

② 8cm5mm

4 つぎの □に あてはまる 数を かきましょう。〔1もん　5点〕

① 2cm6mm＝ □ mm　　② 58mm＝ □ cm □ mm

③ 10cm＝ □ mm

5 つぎの 計算を しましょう。〔1もん　5点〕

① 1cm4mm＋6cm

② 1cm5mm＋1cm8mm

③ 3cm－7mm

④ 2cm6mm－8mm

6 8cmの 直線に, 4cm6mmの 直線を かきたしました。なんcmなんmmに なりましたか。〔10点〕

しき

答え (　　　　　　　)

7 10cmの リボンの うち, 4cm5mm つかいました。のこりはなんcmなんmmですか。〔10点〕

しき

答え (　　　　　　　)

き本の もんだいの チェックだよ。
できなかった もんだいは, しっかり 学しゅう
してから かんせいテストを やろう!

合 計
とく点 ╱100点

かんれん
ドリル
●数・りょう・図形 P.45・46
●文しょうだい P.11〜14

1 〈長さの あらわしかた〉
花だんの 長さを はかって います。 〔1もん 8点〕

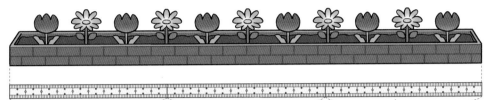

① 花だんの 長さは, 1mが
なんこぶんの 長さですか。 （　　　　）

② 花だんの 長さは なんmですか。 （　　　　）

2 〈1メートル〉
下の ものさしを 見て 答えましょう。 〔1もん 10点〕

① 1mは 10cmが なんこぶんの
長さですか。 （　　　　）

② 1mは なんcmですか。 （　　　　）

3 〈長さの あらわしかた〉
ロープの 長さは, 1mの ものさしで 1つぶんと
あと 25cm あります。 〔1もん 10点〕

① ロープの 長さは
なんmなんcmですか。 （ ☐ m ☐ cm ）

② ロープの 長さは
なんcmですか。 （　　　　cm）

4 下の えを 見て 答えましょう。〔1もん ぜんぶ できて 10点〕

文しょうだい 11ページ

あ ──── 1m50cm ────   い

40cm

① あと いを あわせた 長さを もとめます。☐に あてはまる 長さを かいて, 答えを もとめましょう。

しき 1m50cm + ☐☐☐ = ☐☐☐

答え (   )

② あと いの 長さの ちがいを もとめます。☐に あてはまる 長さを かいて, 答えを もとめましょう。

しき ☐☐☐ − 40cm = ☐☐☐

答え (   )

〈ものさしの つかいかた〉

5 つぎの ものの 長さを はかるには, 1mの ものさしと 30cmの ものさしの どちらを つかうと よいでしょうか。 〔1もん 6点〕

① ノートの よこの 長さ　② ろうかの はば

(   )　(   )

〈長さの くらべかた〉

6 つぎの ☐に あてはまる <, >を かきましょう。 〔1もん 6点〕

数・りょう・図形 45・46ページ

① 1m ☐ 1m5cm　② 50cm ☐ 5m

1 下の 図を 見て，あ，い，うの テープの 長さを かきましょう。　〔1つ　5点〕

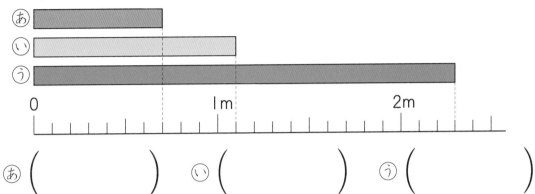

あ（　　　　　）　い（　　　　　）　う（　　　　　）

2 つぎの □に あてはまる 数を かきましょう。〔1もん　5点〕

① 108cm ＝ □ m □ cm

② 326cm ＝ □ m □ cm

③ 4m5cm ＝ □ cm

④ 2m25cm ＝ □ cm

3 つぎの □に あてはまる ＜，＞を かきましょう。

〔1もん　5点〕

① 4m □ 404cm　② 3m8cm □ 3m80cm

4 つぎの ものの 長さを はかりました。□に あう たんい
（m，cm，mm）を かきましょう。　　　　　　　〔1もん　5点〕

① 本の よこの 長さ‥‥‥‥‥‥‥18 □

② かきねの たかさ‥‥‥‥‥‥‥‥ 1 □

③ えんぴつの しんの ふとさ‥‥2 □

5 つぎの 計算を しましょう。　　　　　　　　〔1もん　10点〕

① 4m80cm＋20cm

② 3m20cm－70cm

6 れんさんの せの たかさは 1m38cmです。れんさんが
たかさ 50cmの だいの 上に 上がると，たかさは ぜんぶで
なんmなんcmに なりますか。　　　　　　　　　　〔10点〕

しき

 答え （　　　　　　　　）

7 ロープが 9m あります。なわとびに つかう ロープとして，
3m15cmを きりとりました。
　のこりは なんmなんcmに なりましたか。　　　　〔10点〕

しき

答え （　　　　　　　　）

かさ（たいせき）

合計とく点 ／100点

かんれんドリル
●数・りょう・図形 P.49～56
●文しょうだい P.15～18

1 〈かさの あらわしかた〉

水とうに 入る 水の かさを，1dLますで はかりました。 〔1もん 8点〕

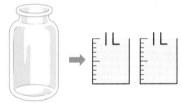

① 水とうには 1dLますで なんばいぶんの 水が 入りますか。 （　　　　　）

② 水とうに 入る 水の かさは なんdLですか。 （　　　　　）

／16点
✓ぜんぶ てきたら
数・りょう・図形 49ページ

2 〈かさの あらわしかた〉

びんに 入る 水の かさを，1Lますで はかりました。 〔1もん 8点〕

① びんには 1Lますで なんばいぶんの 水が 入りますか。 （　　　　　）

② びんに 入る 水の かさは なんLですか。 （　　　　　）

／16点
✓ぜんぶ てきたら
数・りょう・図形 49ページ

3 〈リットルと デシリットル〉

下の 図を 見て 答えましょう。 〔1もん 8点〕

1Lますに 入って いた 水

① 1Lますには，1dLますで 水が なんばい 入りますか。 （　　　　　）

② 1Lは なんdLですか。 （　　　　　）

／16点
✓ぜんぶ てきたら
数・りょう・図形 49ページ

4 〈かさの　あらわしかた〉

やかんに　入る　水の　かさを, 1Lますと　1dLますで
はかりました。やかんに　入る　水の　かさは, ぜんぶで
なんL なんdL ですか。　　　　　　　　　　　〔12点〕

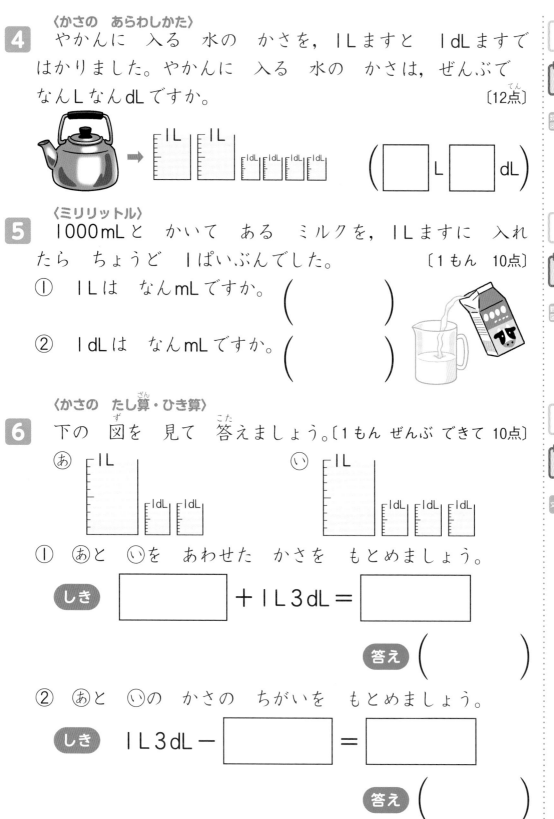

5 〈ミリリットル〉

1000mLと　かいて　ある　ミルクを, 1Lますに　入れ
たら　ちょうど　1ぱいぶんでした。　　　〔1もん　10点〕

① 1L は　なんmL ですか。　　（　　　　　　　）

② 1dL は　なんmL ですか。　（　　　　　　　）

6 〈かさの　たし算・ひき算〉

下の　図を　見て　答えましょう。〔1もん　ぜんぶ　できて 10点〕

① あと　いを　あわせた　かさを　もとめましょう。

しき　　□　＋ 1L 3dL ＝ □

答え（　　　　　　　）

② あと　いの　かさの　ちがいを　もとめましょう。

しき　1L 3dL － □ ＝ □

答え（　　　　　　　）

©くもん出版

50

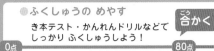

ふくしゅうの めやす
き本テスト・かんれんドリルなどで
しっかり ふくしゅうしよう！

合かく

0点　　　　80点　　　100点

合計とく点 ／100点

かんれんドリル
●数・りょう・図形　P.49〜56
●文しょうだい　P.15〜18

1 下の 入れものに 入って いる 水の かさを 答えましょう。

〔1もん　5点〕

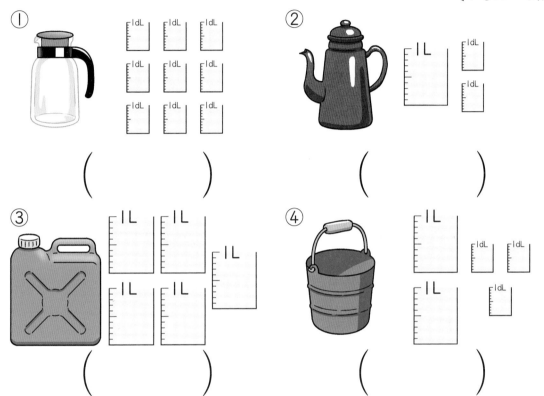

① （　　　　）　　② （　　　　）

③ （　　　　）　　④ （　　　　）

2 水の かさは それぞれ どれだけですか。　〔1もん　5点〕

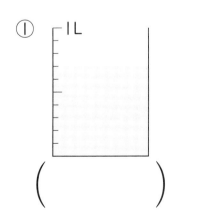

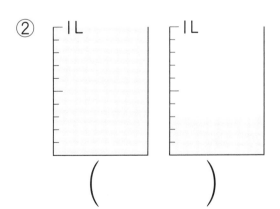

① （　　　　）　　② （　　　　）

3 かさの おおい じゅんに 1, 2, 3と ( )に かきましょう。

〔1もん ぜんぶ できて 5点〕

① $\begin{cases} 2\,dL & (\quad) \\ 2\,L & (\quad) \\ 12\,dL & (\quad) \end{cases}$ ② $\begin{cases} 1\,L\,5\,dL & (\quad) \\ 14\,dL & (\quad) \\ 16\,dL & (\quad) \end{cases}$

4 つぎの □に あてはまる 数を かきましょう。〔1もん 5点〕

① 2L = □ dL   ② 30 dL = □ L

③ 1L8dL = □ dL   ④ 24 dL = □ L □ dL

⑤ 200 mL = □ dL   ⑥ 3000 mL = □ L

5 つぎの 計算を しましょう。 〔1もん 5点〕

① 1L4dL ＋ 8dL

② 2L － 1L4dL

6 1つの 入れものに 水が 4dL, もう 1つの 入れものに 2L 入って います。 〔1もん 10点〕

① あわせると なんL なんdL に なりますか。

しき   答え (   )

② ちがいは なんL なんdL ですか。

しき   答え (   )

き本の もんだいの チェックだよ。
てきなかった もんだいは，しっかり 学しゅう
してから かんせいテストを やろう！

合計とく点 ／100点

かんれんドリル
●数・りょう・図形 P.31～36
●文しょうだい P.19～28

〈時こくと 時間〉

1 下の えは，まさみさんが いえを 出てから 学校に つくまでの ようすです。 〔1もん 5点〕

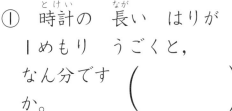

① 時計の 長い はりが 1めもり うごくと，なん分ですか。 (　　　)

② 時計の 長い はりが 1まわりすると なん分ですか。 (　　　)

③ いえを 出た 時こくは 8時です。学校に ついた 時こくは なん時なん分ですか。

(　　　)

④ いえを 出てから 学校に つくまでに かかった 時間は なん分ですか。

(　　　)

〈1時間〉

2 あの 時こくから ⓘの 時こくまでは 1時間です。1時間は なん分ですか。 〔10点〕

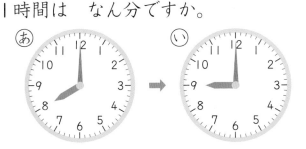

(　　　)

3 〈午前と　午後〉
　　下の　えは, そうまさんの　1日です。　　〔1もん　10点〕

おきる　　　　　　　　　　　　ねる

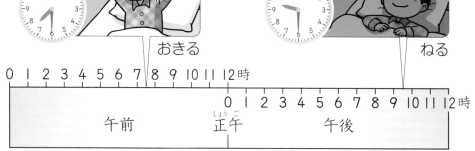

①　午前は　なん時間ですか。　　　　　（　　　　　　　）

②　午後は　なん時間ですか。　　　　　（　　　　　　　）

③　1日は　なん時間ですか。　　　　　（　　　　　　　）

4 〈午前と　午後〉
　　つぎの　あ〜えの　時こくを　午前, 午後を　つけて
かきましょう。　　　　　　　　　　　〔1つ　10点〕

あ（　　　　　　　　　　）　　い（　　　　　　　　　　）

う（　　　　　　　　　　）　　え（　　　　　　　　　　）

◉ふくしゅうの めやす
き本テスト・かんれんドリルなどて
しっかり ふくしゅうしよう！
合かく
0点　　　　　　　　80点　　100点

合計とく点　　／100点

かんれんドリル
●数・りょう・図形　P.31〜36
●文しょうだい　P.19〜28

1 つぎの 時こくを 午前，午後を つけて かきましょう。
〔1もん　5点〕

① あさ

（　　　　　　　）

② ひる

（　　　　　　　）

③ ゆうがた

（　　　　　　　）

④ よる

（　　　　　　　）

2 みつきさんは 午前8時に いえを 出て，
午前8時18分に 学校に つきました。
いえを 出てから 学校に つくまでに
かかった 時間は なん分ですか。　〔15点〕

（　　　　　　　）

3 ①～③は それぞれ なん時間ですか。下の 図を 見て
答えましょう。　〔1もん　10点〕

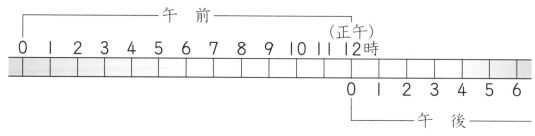

①　午前6時から　午前11時まで　　　（　　　　　）

②　午前8時から　正午まで　　　　　　（　　　　　）

③　午前10時から　午後2時まで　　　（　　　　　）

4　右の　時計を　見て　答えましょう。　〔1もん　10点〕

①　時計の　時こくから　30分あとの　時こく

（　　　　　　　）

②　時計の　時こくより　13分まえの　時こく

（　　　　　　　）

5　まりなさんは　午後4時15分から　午後4時
40分まで　ピアノを　ひきました。ピアノを
ひいて　いた　時間は　なん分ですか。　〔15点〕

（　　　　　　　）

き本の もんだいの チェックだよ。
てきなかった もんだいは, しっかり 学しゅう
してから かんせいテストを やろう!

合計とく点 ／100点

かんれんドリル ●数・りょう・図形 P.61〜72

1 〈三角形〉
下の 形を 見て 答えましょう。　〔( )1つ 5点〕

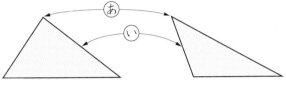

① 上の 形は なんと いう 形ですか。(　　　　　　)

② 上の 形は, それぞれ なん本の 直線で かこまれて
いますか。　(　　　　　　)

③ ⓐと ⓑの ところを それぞれ なんと いいますか。
　　　　　ⓐ(　　　　　　) ⓑ(　　　　　　)

2 〈四角形〉
下の 形を 見て 答えましょう。　〔( )1つ 5点〕

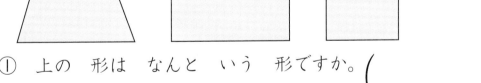

① 上の 形は なんと いう 形ですか。(　　　　　　)

② 上の 形は, それぞれ なん本の 直線で かこまれて
いますか。　(　　　　　　)

③ へんと ちょう点は, それぞれ いくつ ありますか。
　　　へん(　　　　　　) ちょう点(　　　　　　)

3 〈かどの 形〉

下の 三角じょうぎで, あや ⊙のような かどの 形を
なんと いいますか。　　　　　　　　　　　　〔10点〕

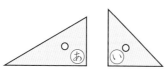

（　　　　　　）

4 〈長方形〉

下の 形は 長方形です。　　　　　　　〔1もん 5点〕

① 長方形の 4つの かどは
どう なって いますか。

（　　　　　　）

② 長方形の むかいあって いる へんの
長さは, おなじですか, ちがいますか。
（　　　　　　）

5 〈正方形〉

下の 形は 正方形です。　　　　　　　〔1もん 5点〕

① 正方形の 4つの かどは
どう なって いますか。

（　　　　　　）

② 正方形の 4つの へんの 長さは,
おなじですか, ちがいますか。
（　　　　　　）

6 〈直角三角形〉

下の 形は すべて 直角三角形です。直角に なって
いる かどを あ, ⊙, ⊙で 答えましょう。〔1もん 10点〕

① 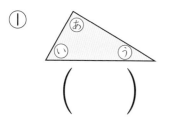　② 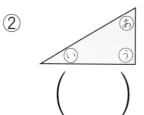　③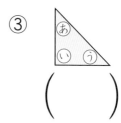

（　　　）　　　　　（　　　）　　　　（　　　）

●ふくしゅうの めやす

き本テスト・かんれんドリルなどて
しっかり ふくしゅうしよう！

合かく

0点 ――――――――― 80点 ―― 100点

合 計
とく点 　　／100点

かんれん
ドリル

●数・りょう・図形　P.61～74

1　三角形，四角形は，それぞれ　どれですか。あてはまる　ものを
ぜんぶ，かきましょう。　　　　　　　〔（　）1つ　ぜんぶ　できて　8点〕

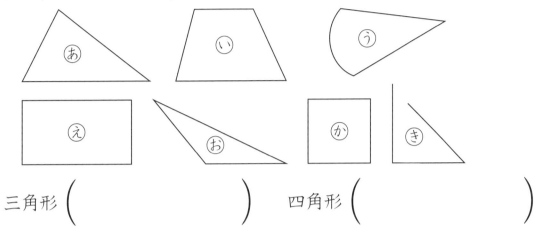

三角形 (　　　　　　　　　　　)　　四角形 (　　　　　　　　　　　)

2　長方形，正方形，直角三角形は，それぞれ　どれですか。あてはま
る　ものを　ぜんぶ，かきましょう。〔（　）1つ　ぜんぶ　できて　8点〕

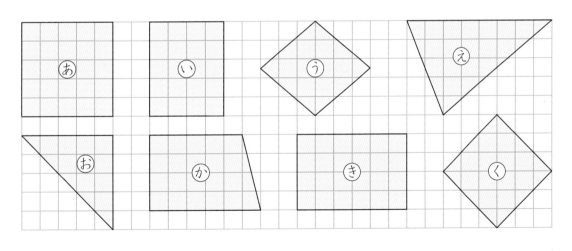

長方形 (　　　　　　　　　　　)　　正方形 (　　　　　　　　　　　)

直角三角形 (　　　　　　　　　　　)

3 下の　図には，正方形，長方形，直角三角形が　それぞれ
いくつ　ありますか。　　　　　　　　　　　　〔1もん　10点〕

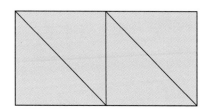

① 正方形 $\Big(\qquad\qquad\Big)$

② 長方形 $\Big(\qquad\qquad\Big)$

③ 直角三角形 $\Big(\qquad\qquad\Big)$

4 ほうがんしに，つぎの　形を　かきましょう。（1めもりは　1cm
です。）　　　　　　　　　　　　　　　　　　〔1もん　10点〕

① たて3cm，よこ5cmの
　長方形

② 1つの　へんが　3cmの
　正方形

5 ほうがんしに，下の　図のような　直角三角形を　かきましょう。
（1めもりは　1cmです。）　　　　　　　　　　〔10点〕

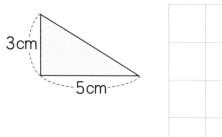

き本の もんだいの チェックだよ。
てきなかった もんだいは, しっかり 学しゅう
してから かんせいテストを やろう!

合計とく点 ／100点

かんれん ドリル ●数・りょう・図形 P.75〜78

1 〈はこの かどの 点などの 名まえ〉

つぎの ⓐ, ⓘ, ⓤに あう ことばを, 〔 〕から
えらんで かきましょう。 〔( )1つ 6点〕

／18点

✓ ぜんぶ てきたら

数・りょう・ 図形 75・76 ページ

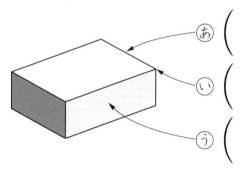

ⓐ ( )

ⓘ ( )

ⓤ ( )

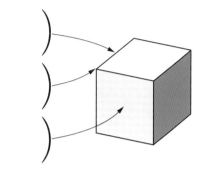

〔面　ちょう点　へん　線〕

2 〈面の 形と 数〉

右の 図のような はこの 形に
ついて 答えましょう。 〔( )1つ 7点〕

① 下の ⓐ, ⓘ, ⓤと おなじ 面の
形は, それぞれ いくつずつ あります
か。

／28点

✓ ぜんぶ てきたら

数・りょう・ 図形 75・76 ページ

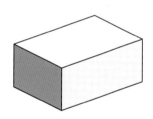

ⓐ

ⓘ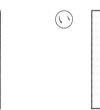

ⓤ

( )　( )　( )

② はこの 形には, 面が ぜんぶで いくつ ありますか。

( )

〈さいころの　形の　面〉

3 右の　図のような　さいころの　形に
ついて　答えましょう。　　〔1もん　8点〕

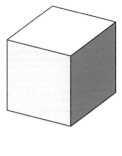

① 面の　形は　なんと　いう　四角形です
か。

（　　　　　　　　　）

② 面は　ぜんぶで　いくつ　ありますか。（　　　　　　　　　）

〈はこの　形の　へんと　ちょう点の　数〉

4 右の　図のように，ひごを　へん，ねんど玉を　ちょう点
に　して，はこの　形を　つくります。　　〔（　）1つ　7点〕

① へんと　する　ひごは，それぞ
れ　なん本　いりますか。

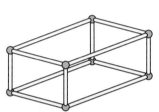

　あ　━━━━━　（　　　　　　　）

　い　━━　（　　　　　　）　　　う　━　（　　　　　　）

② ちょう点と　する　ねんど玉は，なんこ
いりますか。　　　　　　　　　　（　　　　　　　）

〈はこの　形を　きって　ひらいた　図〉

5 下の　はこの　ふとい　線の　ところを　きって　ひろげ
ます。正しい　ほうの　図に　○を　かきましょう。〔10点〕

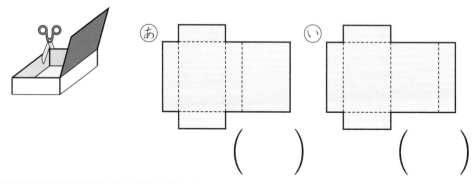

　あ　　　　　　　　　　　　　い

（　　　　　　）　　　　　　　（　　　　　　）

● ふくしゅうの めやす
き本テスト・かんれんドリルなどで しっかり ふくしゅうしよう！ **合かく**
0点 —— 80点 —— 100点

合計とく点 ／100点

かんれんドリル

●数・りょう・図形 P.75〜78

1 下の ①，②，③の はこを きりひらいた 形は，あ，い，う の どれですか。線で むすびましょう。 〔1くみ できて 5点〕

① ② ③

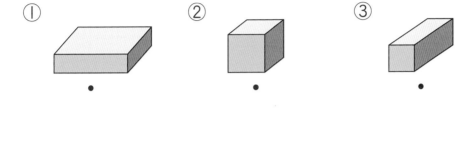

あ い う

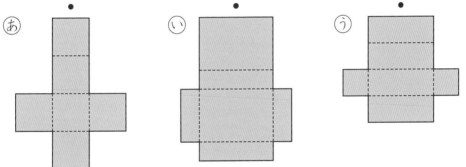

2 左の 図の ----で おって はこを つくると，あ，い，う， えの どの はこが できますか。 〔15点〕

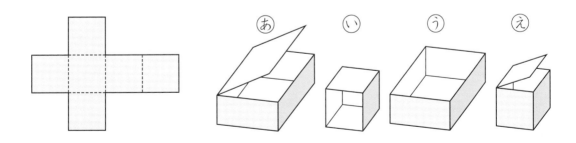

あ い う え

（ ）

3 下の 図のような さいころの 形に ついて 答えましょう。

〔1もん 10点〕

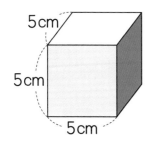

① ちょう点は いくつ ありますか。

(　　　　)

② 正方形の 面は いくつ ありますか。

(　　　　)

③ 5cmの へんは いくつ ありますか。

(　　　　)

4 下の 図のような はこの 形に ついて 答えましょう。

〔1もん 10点〕

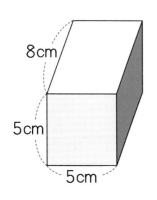

① 長方形の 面は いくつ ありますか。

(　　　　)

② 正方形の 面は いくつ ありますか。

(　　　　)

③ 8cmの へんは いくつ ありますか。

(　　　　)

④ 5cmの へんは いくつ ありますか。

(　　　　)

き本の もんだいの チェックだよ。
てきなかった もんだいは，しっかり 学しゅう
してから かんせいテストを やろう！

合計とく点 ／100点

かんれんドリル ●数・りょう・図形 P.79〜82

1 〈ひょうの 見かた〉

あおいさんは，わなげの せいせきを つぎのように
きろくしました。　　　　　　　　　　　　〔1もん 6点〕

／36点

ぜんぶ てきたら

数・りょう・図形 79・80ページ

(かい) **わなげの きろく**

10	○	○	×	○	×
9	×	×	×	×	×
8	○	×	○	○	×
7	×	○	×	○	○
6	×	×	○	×	×
5	○	○	○	○	○
4	×	○	○	○	×
3	○	○	×	×	×
2	×	×	○	○	×
1	○	×	○	○	○
	あおい	ひろみ	みさき	ゆうな	ななみ

〔○…入った
　×…入らなかった〕

① あおいさんの 3かいめは
入りましたか。

（　　　　　　）

② 2かいめに 入ったのは
だれと だれですか。

（　　　　　　）

③ 5人とも 入ったのは
なんかいめですか。

（　　　　　　）

④ 5人とも 入らなかったのは
なんかいめですか。

（　　　　　　）

⑤ いちばん おおく 入れたのは だれですか。

（　　　　　　）

⑥ ゆうなさんは，あおいさんより
なんかい おおく 入れましたか。

（　　　　　　）

2 〈グラフの 見かた〉

たくみさんたちの 玉入れの せいせきを 下のような グラフに まとめました。 〔（ ）1つ 8点〕

玉入れの せいせき

た く み	そ う ま	え い た	ひ ろ と
	○		
○	○		
○	○	○	
○	○	○	○
○	○	○	○
○	○	○	○

① いちばん おおく 入れたのは だれですか。

（　　　　　）

② いちばん すくないのは だれですか。

（　　　　　）

③ それぞれ いくつ 入れたか かきましょう。

たくみ……（　　　　　）

そうま……（　　　　　）

えいた……（　　　　　）

ひろと……（　　　　　）

④ そうまさんは, えいたさんより いくつ おおく 入れましたか。

（　　　　　）

⑤ そうまさんは, ひろとさんより いくつ おおく 入れましたか。

（　　　　　）

ひょうと グラフ

●ふくしゅうの めやす
き本テスト・かんれんドリルなどて しっかり ふくしゅうしよう！
合かく
0点 90点 100点

合計とく点 /100点

かんれんドリル ●数・りょう・図形 P.79〜82

1 みなとさんが 天気しらべを したら，下のように なりました。
①〜④に 答えましょう。 〔① 15点，②〜④ 1もん 10点〕

天気しらべ（☼：はれ， ☁：くもり， ☂：雨）

日	12	13	14	15	16	17	18	19	20	21
天気	☼	☼	☼	☁	☁	☂	☁	☼	☼	☁

日	22	23	24	25	26	27	28	29	30	31
天気	☁	☁	☂	☂	☁	☼	☼	☼	☼	☁

① はれ，くもり，雨に わけて，下の ひょうに まとめましょう。

天気しらべ

天　　　気	☼	☁	☂
日数（日）			

② はれ，くもり，雨の うち，どの 天気の 日が いちばん
おおかったでしょうか。

（　　　　　）

③ はれの 日は，くもりの 日より なん日 おおかったで
しょうか。

（　　　　　）

④ はれの 日は，雨の 日より なん日 おおかったでしょうか。

（　　　　　）

2 ゆうきさんは，いけで かって いる 生きものの 数を しらべて，下のような ひょうに かきました。①〜⑤に 答えましょう。

〔① 15点，②〜⑤ 1もん 10点〕

かって いる 生きもの

名まえ	めだか	金ぎょ	ふ　な	こ　い
数	8	6	4	5

① 上の ひょうを，○を つかって 右の グラフに あらわしましょう。

② かって いる 生きもので，いちばん おおい 生きものは なんですか。

（　　　　　　）

③ かって いる 生きもので，いちばん すくない 生きものは なんですか。

（　　　　　　）

④ 金ぎょは，ふなより なんびき おおく かって いますか。

（　　　　　　）

⑤ めだかは，こいより なんびき おおく かって いますか。

（　　　　　　）

かって いる 生きもの

めだか	金ぎょ	ふな	こい

き本の もんだいの チェックだよ。
てきなかった もんだいは，しっかり 学しゅう
してから かんせいテストを やろう！

合計とく点 /100点

かんれんドリル　●かけ算(九九) P.9〜14，29〜34

〈かけ算の いみ〉

1 下の えを 見て 答えましょう。　〔1もん 10点〕

/40点

① さらに のって いる ケーキ ぜんぶの 数は，
2この なんばいですか。
(　　　　　)

② ケーキ ぜんぶの 数を もとめるための，かけ算の
しきを かきましょう。
(　　　　　)

③ ケーキ ぜんぶの 数を もとめるための，たし算の
しきを かきましょう。
(　　　　　)

④ ケーキの 数は，ぜんぶで なんこですか。
(　　　　　)

〈かけ算の 答えの もとめかた〉

2 5×6の 答えを もとめます。つぎの うち，正しい
ものは どれですか。あ〜えで 答えましょう。　〔6点〕

/6点

あ 6＋6＋6＋6＋6　　　い 5＋5＋5＋5＋5＋5

う 6＋6＋6＋6＋6＋6　　え 5＋5＋5＋5＋5

(　　　　　)

3 〈かけ算九九〉
つぎの □に あてはまる 数を かきましょう。

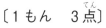

〔1もん 3点〕

① 2×1 = □　⑩ 5×1 = □

② 2×2 = □　⑪ 5×2 = □

③ 2×3 = □　⑫ 5×3 = □

④ 2×4 = □　⑬ 5×4 = □

⑤ 2×5 = □　⑭ 5×5 = □

⑥ 2×6 = □　⑮ 5×6 = □

⑦ 2×7 = □　⑯ 5×7 = □

⑧ 2×8 = □　⑰ 5×8 = □

⑨ 2×9 = □　⑱ 5×9 = □

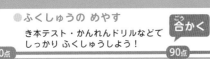
●ふくしゅうの めやす
き本テスト・かんれんドリルなどで
しっかり ふくしゅうしよう！

合かく

0点　90点　100点

合計
とく点

／100点

かんれん
ドリル

●かけ算（九九）　P.9～14，29～34
●文しょうだい　P.61～64

1 つぎの 計算を しましょう。　　　　〔1もん　4点〕

① 2×7　　　　　　② 5×9

③ 5×4　　　　　　④ 2×6

⑤ 5×8　　　　　　⑥ 2×4

⑦ 2×5　　　　　　⑧ 5×3

⑨ 2×2　　　　　　⑩ 5×2

⑪ 5×6　　　　　　⑫ 2×9

⑬ 2×3　　　　　　⑭ 5×5

⑮ 5×7　　　　　　⑯ 2×8

2　下の　図に　いろを　ぬって，の　6ばいの　長さに　しましょう。〔4点〕

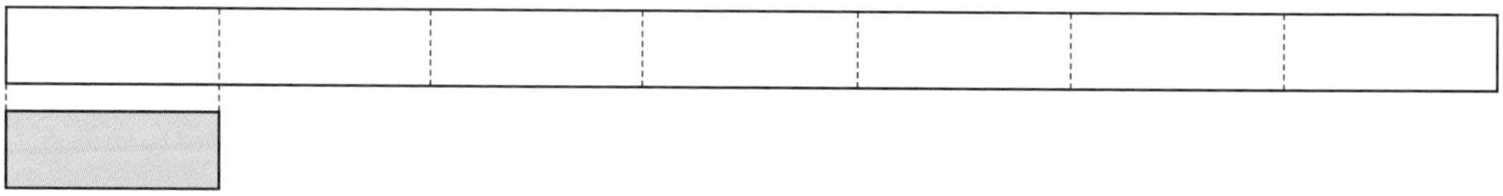

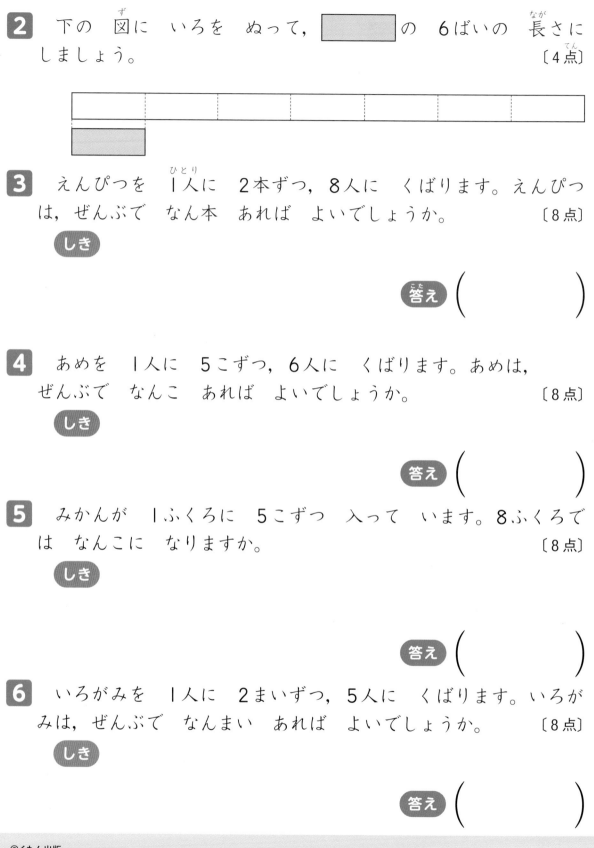

3　えんぴつを　1人に　2本ずつ，8人に　くばります。えんぴつは，ぜんぶで　なん本　あれば　よいでしょうか。〔8点〕

しき

答え（　　　　）

4　あめを　1人に　5こずつ，6人に　くばります。あめは，ぜんぶで　なんこ　あれば　よいでしょうか。〔8点〕

しき

答え（　　　　）

5　みかんが　1ふくろに　5こずつ　入って　います。8ふくろでは　なんこに　なりますか。〔8点〕

しき

答え（　　　　）

6　いろがみを　1人に　2まいずつ，5人に　くばります。いろがみは，ぜんぶで　なんまい　あれば　よいでしょうか。〔8点〕

しき

答え（　　　　）

き本テスト

かけ算(2)

き本の もんだいの チェックだよ。
できなかった もんだいは，しっかり 学しゅう
してから かんせいテストを やろう！

合計とく点 /100点

かんれんドリル

●かけ算(九九) P.15～28，39～52

1 〈かけ算九九〉

つぎの □に あてはまる 数を かきましょう。

〔①～④ 2点，⑤～⑱ 3点〕

/50点

ぜんぶ
できたら

かけ算(九九) 15ページ～

① 3 × 1 =

② 3 × 2 =

③ 3 × 3 =

④ 3 × 4 =

⑤ 3 × 5 =

⑥ 3 × 6 =

⑦ 3 × 7 =

⑧ 3 × 8 =

⑨ 3 × 9 =

⑩ 4 × 1 =

⑪ 4 × 2 =

⑫ 4 × 3 =

⑬ 4 × 4 =

⑭ 4 × 5 =

⑮ 4 × 6 =

⑯ 4 × 7 =

⑰ 4 × 8 =

⑱ 4 × 9 =

〈かけ算九九〉
つぎの □に あてはまる 数を かきましょう。

〔①～④ 2点, ⑤～⑱ 3点〕

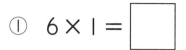

① 6×1=☐

② 6×2=☐

③ 6×3=☐

④ 6×4=☐

⑤ 6×5=☐

⑥ 6×6=☐

⑦ 6×7=☐

⑧ 6×8=☐

⑨ 6×9=☐

⑩ 7×1=☐

⑪ 7×2=☐

⑫ 7×3=☐

⑬ 7×4=☐

⑭ 7×5=☐

⑮ 7×6=☐

⑯ 7×7=☐

⑰ 7×8=☐

⑱ 7×9=☐

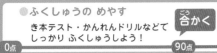

●ふくしゅうの めやす
き本テスト・かんれんドリルなどで
しっかり ふくしゅうしよう！

合かく

0点　　　　　　90点　100点

合計
とく点

／100点

かんれん
ドリル

●かけ算(九九)　P.15〜28, 39〜52
●文しょうだい　P.61〜66

1 つぎの 計算を しましょう。　　　　　　〔1もん　4点〕

① 3×5　　　　　② 6×4

③ 7×7　　　　　④ 4×3

⑤ 6×3　　　　　⑥ 4×1

⑦ 3×2　　　　　⑧ 7×6

⑨ 6×9　　　　　⑩ 4×9

⑪ 4×7　　　　　⑫ 3×6

⑬ 3×8　　　　　⑭ 7×8

⑮ 6×5　　　　　⑯ 7×9

2 下の えを 見て 答えましょう。　〔1もん　2点〕

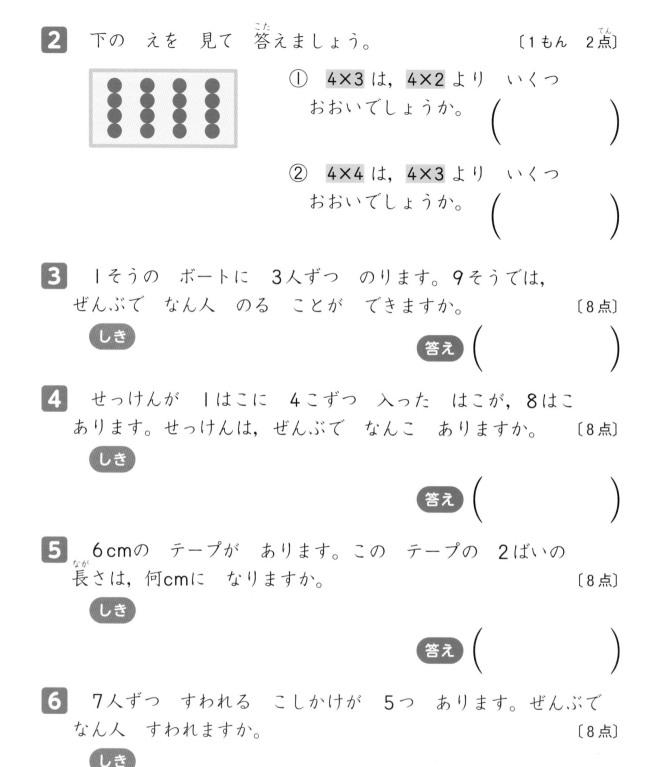

① 4×3 は, 4×2 より いくつ おおいでしょうか。　（　　　　　）

② 4×4 は, 4×3 より いくつ おおいでしょうか。　（　　　　　）

3 1そうの ボートに 3人ずつ のります。9そうでは, ぜんぶで なん人 のる ことが できますか。　〔8点〕

しき

答え（　　　　　）

4 せっけんが 1はこに 4こずつ 入った はこが, 8はこ あります。せっけんは, ぜんぶで なんこ ありますか。　〔8点〕

しき

答え（　　　　　）

5 6cmの テープが あります。この テープの 2ばいの 長さは, 何cmに なりますか。　〔8点〕

しき

答え（　　　　　）

6 7人ずつ すわれる こしかけが 5つ あります。ぜんぶで なん人 すわれますか。　〔8点〕

しき

答え（　　　　　）

かんせい ⏱
目ひょう時間 15分

かけ算(3)

き本の もんだいの チェックだよ。
てきなかった もんだいは，しっかり 学しゅう
してから かんせいテストを やろう！

合計
とく点

╱100点

かんれん
ドリル

●かけ算(九九)　P.55〜68，77〜84

1 〈かけ算九九〉
つぎの □に あてはまる 数を かきましょう。

〔1もん　3点〕

╱54点

✓ ぜんぶ
てきたら

かけ算(九九) → 55
ページ

① 8×1＝□

② 8×2＝□

③ 8×3＝□

④ 8×4＝□

⑤ 8×5＝□

⑥ 8×6＝□

⑦ 8×7＝□

⑧ 8×8＝□

⑨ 8×9＝□

⑩ 9×1＝□

⑪ 9×2＝□

⑫ 9×3＝□

⑬ 9×4＝□

⑭ 9×5＝□

⑮ 9×6＝□

⑯ 9×7＝□

⑰ 9×8＝□

⑱ 9×9＝□

2 〈かけ算九九〉
つぎの □に あてはまる 数を かきましょう。

〔1もん　2点〕

①　|×|＝ □

②　|×2＝ □

③　|×3＝ □

④　|×4＝ □

⑤　|×5＝ □

⑥　|×6＝ □

⑦　|×7＝ □

⑧　|×8＝ □

⑨　|×9＝ □

3 〈かけ算九九の きまり〉
つぎの □に あてはまる 数を かきましょう。

〔1もん　4点〕

①　4×3＝3× □

②　6×5＝5× □

③　5×3＝5×2＋ □

④　7×6＝7×5＋ □

4 〈1けたと 2けたの かけ算〉
つぎの □に あてはまる 数を かきましょう。

〔1もん　ぜんぶ できて　4点〕

①　4×10＝4×9＋ □ ＝ □

②　4×11＝4×10＋ □ ＝ □

③　||×4＝4×11＝ □

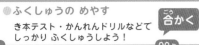

●ふくしゅうの めやす　合かく
き本テスト・かんれんドリルなどて
しっかり ふくしゅうしよう！
0点 —— 90点 — 100点

合計 とく点 ／100点

かんれん ドリル
●かけ算(九九)　P.55〜68, 77〜84
●文しょうだい　P.67・68

1 つぎの 計算を しましょう。　　　〔1もん　3点〕

① 8×3

② 9×2

③ 9×5

④ 8×6

⑤ 1×8

⑥ 8×4

⑦ 9×3

⑧ 1×6

⑨ 9×7

⑩ 8×9

⑪ 1×7

⑫ 9×6

⑬ 8×5

⑭ 1×9

⑮ 9×9

⑯ 8×8

⑰ 3×11

⑱ 2×12

⑲ 11×6

⑳ 10×8

2 1まい 8円の おりがみを 7まい かいました。なん円 はらえば よいでしょうか。 〔10点〕

しき

答え （　　　　　）

3 9人ずつ 1チームに なって やきゅうを します。チームを 4つ つくりました。
　やきゅうを する 人は, ぜんぶで なん人 いますか。 〔10点〕

しき

答え （　　　　　）

4 1はこに 1こずつ メロンを 入れます。5はこでは, メロン は なんこに なりますか。 〔8点〕

しき

答え （　　　　　）

5 つぎの 九九と 答えが おなじに なる 九九を, 下から さがして, あ～けの しるしを （ ）に かきましょう。

〔1もん 2点〕

① 6×4 ………（　　） 　② 6×6 ………（　　）

③ 8×6 ………（　　） 　④ 8×4 ………（　　）

⑤ 4×4 ………（　　） 　⑥ 9×2 ………（　　）

あ 4×7	い 7×3	う 8×2
え 3×8	お 3×4	か 6×8
き 6×3	く 4×9	け 4×8

き本の もんだいの チェックだよ。
てきなかった もんだいは，しっかり 学しゅう
してから かんせいテストを やろう！

合計
とく点 ／100点

かんれん
ドリル

●数・りょう・図形　P.57・58

<わけた　大きさの　あらわしかた〉

1 つぎの　もんだいの　□には　あてはまる　数を，（　）に
は　ことばを　かきましょう。　〔1もん　5点〕

／15点

ぜんぶ
てきたら

数・りょう・図形　57・58ページ

① おなじ　大きさに　2つに　わけた
1つぶんを　二分の一と　いい，

$$\frac{\square}{\square}$$　と　かきます。

② おなじ　大きさに　4つに　わけた
1つぶんを　四分の一と　いい，

$$\frac{\square}{\square}$$　と　かきます。

③ $\frac{1}{2}$，$\frac{1}{4}$のような　数を　$\Big($　　　　　$\Big)$　と　いいます。

〈$\frac{1}{2}$の　大きさ〉

2 つぎの　図の　$\frac{1}{2}$に　いろを　ぬりましょう。

〔1もん　5点〕

／15点

ぜんぶ
てきたら

数・りょう・図形　57・58ページ

①　　　　　②　　　　　③

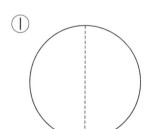 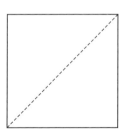 

©くもん出版

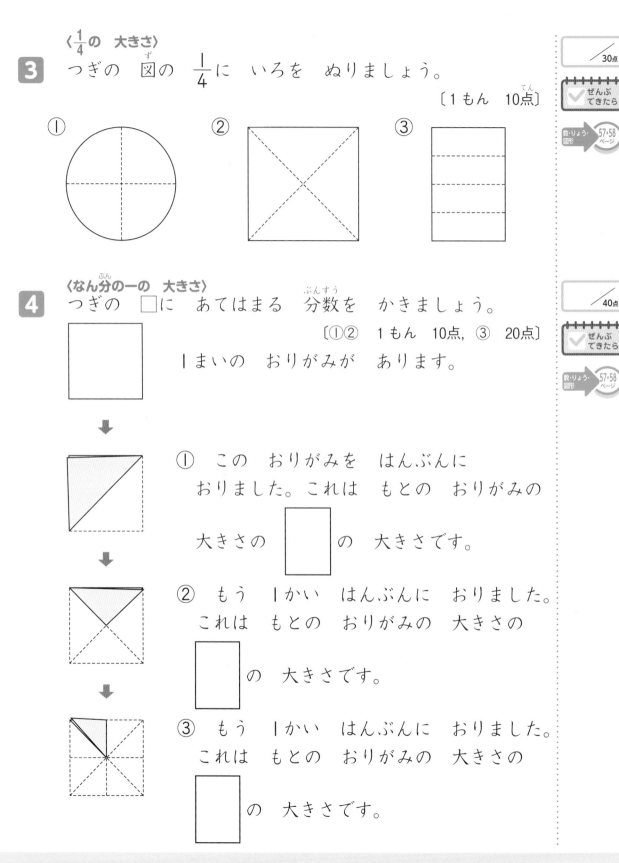

3 〈$\frac{1}{4}$の 大きさ〉

つぎの 図の $\frac{1}{4}$に いろを ぬりましょう。

〔1もん 10点〕

① ② ③

4 〈なん分の一の 大きさ〉

つぎの □に あてはまる 分数を かきましょう。

〔①② 1もん 10点, ③ 20点〕

1まいの おりがみが あります。

① この おりがみを はんぶんに
おりました。これは もとの おりがみの

大きさの ▢ の 大きさです。

② もう 1かい はんぶんに おりました。
これは もとの おりがみの 大きさの

▢ の 大きさです。

③ もう 1かい はんぶんに おりました。
これは もとの おりがみの 大きさの

▢ の 大きさです。

◉**ふくしゅうの めやす**
き本テスト・かんれんドリルなとて
しっかり ふくしゅうしよう！

合かく

0点 —— 80点 —— 100点

合 計 とく点 / 100点

かんれん ドリル

●数・りょう・図形 P.57・58

1 つぎの 図の いろを ぬった ぶぶん（▨）は ぜんたいの なん分の一ですか。 〔1もん 5点〕

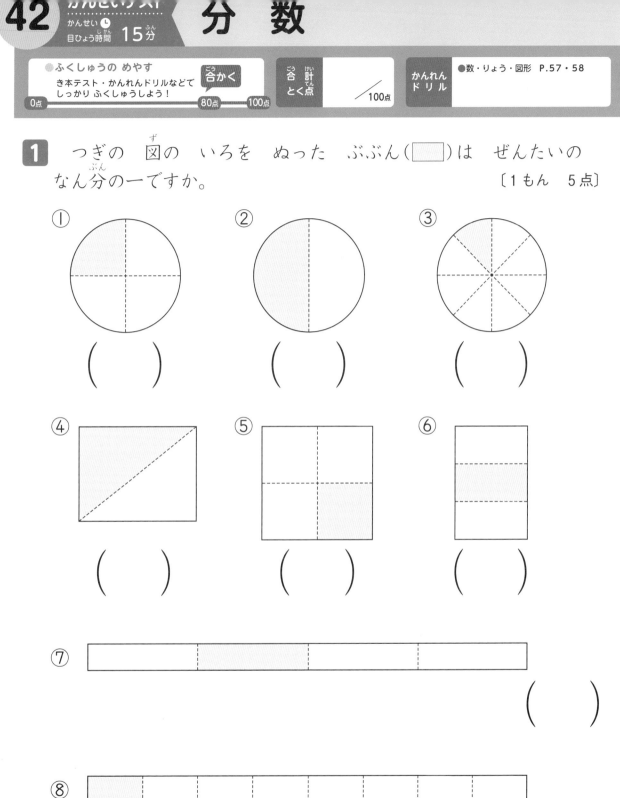

① （ ）

② （ ）

③ （ ）

④ （ ）

⑤ （ ）

⑥ （ ）

⑦ （ ）

⑧ （ ）

©くもん出版

2 つぎの もんだいに 答えましょう。　　　〔1もん 15点〕

① 1本の テープを はんぶんに
きりました。きった テープは
もとの 長さの なん分の一です
か。　　　　　（　　　　　）

2つ あつめ
た 大きさは,
2ばいの 大
きさとも い
います。

② はんぶんに きった テープを
いくつ あつめると, もとの
テープの 長さに なりますか。
　　　　　　　（　　　　　）

3 つぎの 図の いろを ぬった ぶぶん（□）を いくつ
あつめると, もとの 大きさに なりますか。　　〔1もん 6点〕

①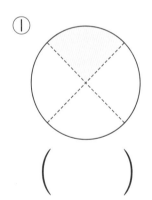

（　　　　　）

②

（　　　　　）

③

（　　　　　）

④

（　　　　　）

⑤

（　　　　　）

43 いろいろな もんだい（1）

かんせいテスト
目ひょう時間 20分

●ふくしゅうの めやす
かんれんドリルなどて
しっかり ふくしゅうしよう！
合かく
0点　　80点　　100点

合計とく点　　／100点

かんれんドリル

●文しょうだい P.43～48, 55～60

1 ノートは 95円です。ノートは，えんぴつより 15円 たかい そうです。えんぴつは なん円ですか。〔10点〕

しき

答え（　　　　　）

2 ゆいさんは，おはじきを 32こ もって います。ゆいさんは，かいとさんよりも 14こ おおく もって います。

かいとさんは おはじきを なんこ もって いますか。〔10点〕

しき

答え（　　　　　）

3 赤い こいが 15ひき います。赤い こいは，くろい こいより 7ひき すくないそうです。

くろい こいは なんびき いますか。〔10点〕

しき

答え（　　　　　）

4 みかんは 35円です。みかんは，りんごより 25円 やすいそ うです。りんごは なん円ですか。〔10点〕

しき

答え（　　　　　）

5 子どもが 10人, 1れつに ならんで います。まえから 4ばんめの 子どもは, うしろから なんばんめですか。〔10点〕

しき

答え（　　　　　　）

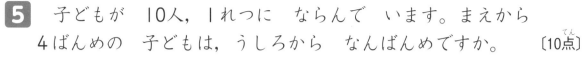

6 子どもが よこに 1れつに ならんで います。だいちさんの 右に 8人, 左に 15人 います。みんなで なん人 ならんで いますか。〔10点〕

しき

答え（　　　　　　）

7 本が ならんで います。どうぶつの 本は, 左から 6さつめ で, 右から 7さつめです。本は, ぜんぶで なんさつ ならんで いますか。〔10点〕

しき

答え（　　　　　　）

8 子どもが 15人, 1れつに ならんで います。あきらさんは, まえから 9ばんめです。あきらさんは, うしろから なんばんめ ですか。〔15点〕

しき

答え（　　　　　　）

9 ぼうしが 1れつに かけて あります。左から 14ばんめと, 左から 23ばんめの ぼうしの あいだに, ぼうしは いくつ かけて ありますか。〔15点〕

しき

答え（　　　　　　）

●ふくしゅうの めやす
かんれんドリルなどて しっかり ふくしゅうしよう！

合かく

0点　80点　100点

合計とく点　／100点

かんれんドリル　●文しょうだい　P.29〜42

1 はとが 13わで えさを たべて いました。そこへ 8わ とんで きました。また, 4わ とんで きました。〔1もん 10点〕

① はとは, はじめより なんわ ふえましたか。

しき　　　　　　　　答え（　　　　　　）

② はとは, ぜんぶで なんわに なりましたか。

しき　　　　　　　　答え（　　　　　　）

2 はとが 15わで えさを たべて いました。そこへ 7わ とんで きました。その あと, 5わ とんで いきました。

〔1もん 10点〕

① はとは, はじめより なんわ ふえましたか。

しき　　　　　　　　　　　　答え（　　　　　　　）

② はとは, ぜんぶで なんわに なりましたか。

しき　　　　　　　　　　　　答え（　　　　　　　）

3 ちゅう車じょうに, 車が 16だい ありました。そのうち 8だい 出て いきました。その あと, 5だい 入って きました。車は, なんだいに なりましたか。〔10点〕

しき

答え（　　　　　　）

4 みかんが なんこか ありました。あきおさんが きょう 5こ
たべたので, みかんの のこりは 18こに なりました。
はじめに, みかんは なんこ ありましたか。 〔10点〕

しき

答え（　　　　　）

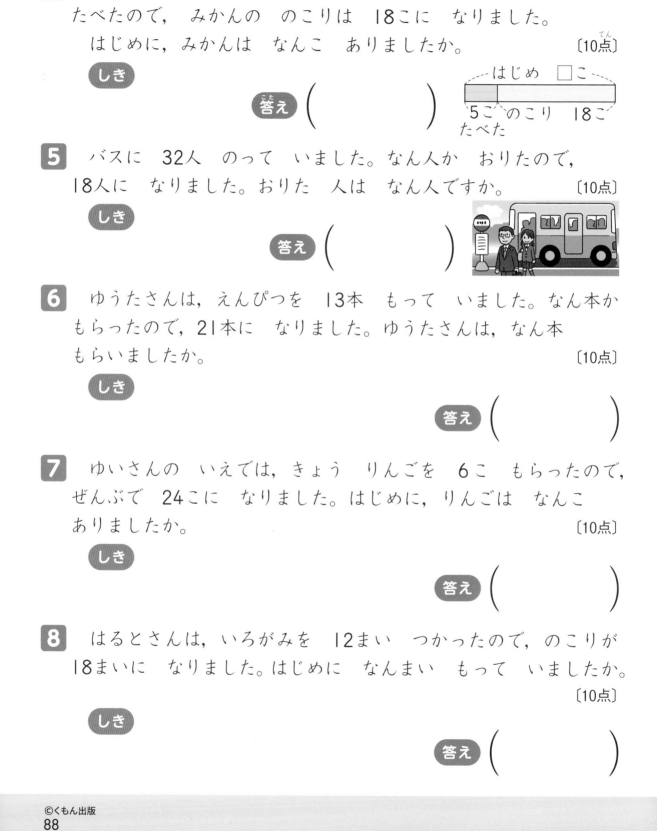

はじめ □こ

5こ　のこり　18こ
たべた

5 バスに 32人 のって いました。なん人か おりたので,
18人に なりました。おりた 人は なん人ですか。 〔10点〕

しき

答え（　　　　　）

6 ゆうたさんは, えんぴつを 13本 もって いました。なん本か
もらったので, 21本に なりました。ゆうたさんは, なん本
もらいましたか。 〔10点〕

しき

答え（　　　　　）

7 ゆいさんの いえでは, きょう りんごを 6こ もらったので,
ぜんぶで 24こに なりました。はじめに, りんごは なんこ
ありましたか。 〔10点〕

しき

答え（　　　　　）

8 はるとさんは, いろがみを 12まい つかったので, のこりが
18まいに なりました。はじめに なんまい もって いましたか。 〔10点〕

しき

答え（　　　　　）

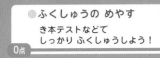

1 つぎの 数を かきましょう。　　　　　　　〔1もん　5点〕

① 100を 5つ, 10を 3つ, 1を 8つ あわせた 数

（　　　　　）

② 1000を 4つ, 100を 7つ, 10を 6つ あわせた 数

（　　　　　）

③ 899より 1 大きい 数

（　　　　　）

④ 6799より 1 大きい 数

（　　　　　）

⑤ 100を 15 あつめた 数

（　　　　　）

2 つぎの □に あてはまる 数を かきましょう。

〔□1つ　4点〕

①

6500　6600　　　　　6800　6900　　　　　7100　7200　7300

②

9940　　9950　　　　　　9970　9980　9990

3 つぎの　計算を　しましょう。　　　〔1もん　4点〕

① 　67
　+18

② 　54
　+92

③ 　208
　+　34

④ 　83
　−　7

⑤ 　105
　−　29

⑥ 　342
　−　38

4 左はしから　あ，い，う，えまでの　長さは　どれだけですか。

〔1つ　5点〕

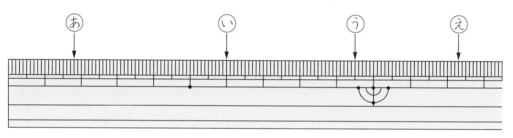

あ（　　　　　　）　い（　　　　　　）

う（　　　　　　）　え（　　　　　　）

5 つぎの　□に　あてはまる　数を　かきましょう。

〔1もん　ぜんぶ　できて　5点〕

①　8cm＝□mm

②　46mm＝□cm□mm

③　2m＝□cm

しあげ テスト(2)

1 つぎの 計算を しましょう。 〔1もん 3点〕

① 2×7

② 8×4

③ 6×9

④ 3×6

⑤ 5×7

⑥ 7×4

⑦ 4×9

⑧ 9×7

2 つぎの かさは どれだけですか。 〔1もん 4点〕

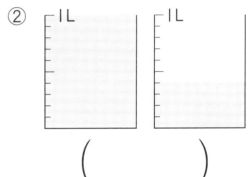

①　(　　　　　)

②　(　　　　　)

3 つぎの □に あてはまる 数を かきましょう。 〔1もん 5点〕

① 3L = □ dL

② 1dL = □ mL

③ 1L = □ mL

④ 50dL = □ L

4 長方形, 正方形, 直角三角形は それぞれ どれですか。あてはまる ものを ぜんぶ 見つけて, ⓐ～ⓚで 答えましょう。

〔( )1つ ぜんぶ できて 6点〕

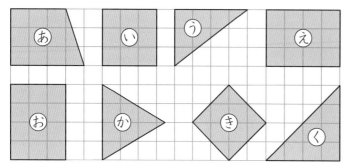

長方形 （ 　　　　 ）

正方形 （ 　　　　 ）

直角三角形 （ 　　　　 ）

5 ゆかさんの いえから 学校まで, あるいて 15分 かかります。午前8時20分に 学校に つくには, いえを なん時なん分に 出たら よいでしょうか。 〔10点〕

（ 　　　　 ）

6 りくさんは, キャラメルを 8こ たべたので, のこりが 17こに なりました。キャラメルは はじめに なんこ ありましたか。

〔10点〕

しき

答え （ 　　　　 ）

7 ひろみさんは, がようしを 8まい かいます。がようしは 1まい 7円です。ぜんぶで なん円 はらえば よいでしょうか。

〔10点〕

しき

答え （ 　　　　 ）

答え 2年生

1 P.1-2 1年生の ふくしゅう(1)

1 ①86 ②70 ③9 ④115

2 ①86, 68, 46 ②111, 110, 101

3
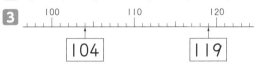

| 104 | | 119 |

4 ①9 ②7 ③16 ④13 ⑤3
⑥2 ⑦9 ⑧9

5 しき 13－8＝5 答え 5こ

6 ①あ ②あ

2 P.3-4 1年生の ふくしゅう(2)

1 ①60 ②69 ③102 ④98

2 ①90 ②69 ③48 ④40 ⑤60
⑥82 ⑦15 ⑧2 ⑨6 ⑩13

3 ①6時12分 ②10時40分
③4時58分

4 (い)の ほうが コップ (4)は
いぶん おおい。

5 しき 15－7＝8 答え 8こ

3 き本テスト P.5-6 1000までの 数(1)

1 ①2たば ②200まい

2 ①100まい…2たば
10まい…3たば, のこり…5まい
②235まい

3 ①百のくらい ②百のくらい

4 ①五百二十六 ②四百九十

5 ①610 ②503

6 ①10たば ②1000まい ③千

7 ①10 ②100 ③800

ポイント

★・たとえば, 百を 2つ あつめた 数を 二百と いい, 200と かきます。

・二百と 三十四で 二百三十四と いい, 234と かきます。

2	3	4
百のくらい	十のくらい	一のくらい

★ 100を 10 あつめた 数を 千と いい, 1000と かきます。

4 かんせいテスト P.7-8 1000までの 数(1)

1 ①358 ②1000 ③45 ④130

2 ①
| 400 | 490 | 620 |

②
| 780 | 930 | 1000 |

3 ①900 ②699 ③50 ④999
⑤602 ⑥798

93

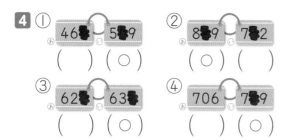

4 ① (　) (○)　② (○) (　)

③ (　) (○)　④ (　) (○)

5 き本テスト P.9-10　1000までの 数(2)

1 ①7, 5, 12　②120　③120

2 ①2, 7, 9　②900

3 ①7　②70

4 ①7　②700

5 ①い　②う　③あ

6 ①＞　②＝　③＜

ポイント

★ 9が 7より 大きい こ
とを 9＞7と かきます。
　また, 9が 10より 小さ
い ことを 9＜10と かき
ます。

6 かんせいテスト P.11-12　1000までの 数(2)

1 ①130　②170　③430　④307

　⑤900　⑥800　⑦1000　⑧1000

2 ①50　②60　③300　④700

　⑤200　⑥500　⑦800　⑧400

3 しき　200＋50＝250

　答え　250本

4 しき　500－200＝300

　答え　300円

5 ①＞　②＜　③＜　④＞

6 ①＞　②＝　③＞　④＜　⑤＝

7 き本テスト P.13-14　10000までの 数

1 ①1000まい…3たば

　　100まい …2たば

　　10まい　 …5たば

　　のこり　 …3まい

　②3253まい

2 ①千のくらい　②千のくらい

3 ①2714　②9035

4 ①三千八百四十六

　②六千七十五

5 ①4938　②8005

6 ①10たば　②10000まい

　③一万

7 ①10　②1000　③8000

ポイント

★・たとえば, 千を 2つ あ
つめた 数を 二千と いい,
2000と かきます。
　・二千と 三百四十五を あ
わせた 数を 二千三百四十
五と いい, 2345と かき
ます。

2	3	4	5
千のくらい	百のくらい	十のくらい	一のくらい

★ 千を 10 あつめた 数を
一万（いちまん）と いい, 10000と か
きます。

この ことは たし算の
答えを たしかめる ときに
つかいます。

1 ①3135　②2057

2 ①28　②1500　③4000
　④2007　⑤5000

3 ①

　　　|3000|　|6000|　|10000|

②

　　　|7100|　　　|8800|

4 ①4010　②5999　③8000
　④9999

5 ①＜　②＞

1 ①〜③
```
    3 2
  + 1 4
    4 6
```

2 ①13　②4　③43

3 ①5　②8　③85

4 ①
```
    3 6
  + 2 8
    6 4
```
②
```
    2 8
  + 3 6
    6 4
```

ポイント

★ たし算の ひっ算は くら
いを たてに そろえて か
いて, 一のくらいから 計算
します。

★ たし算では, たされる数と
たす数を 入れかえて たし
ても, 答えは おなじに な
ります。

1 ①
```
    4 3
  + 2 6
    6 9
```
②
```
    3 0
  + 6 4
    9 4
```
③
```
    8 5
  +   3
    8 8
```
④
```
      7
  + 5 2
    5 9
```

2 ①64　②82　③50　④40

3 ①63　②46　③92　④83
　⑤70　⑥90

4 ①　〈計算〉　〈たしかめ〉
```
    4 7        2 5
  + 2 5      + 4 7
    7 2        7 2
```
②　〈計算〉　〈たしかめ〉
```
      7        6 8
  + 6 8      +   7
    7 5        7 5
```

5 しき　56＋28＝84
　答え　84ページ

1 ①6　②12, 12　③1
　④126

2 ①13, 13　②14, 14　③1
　④143

3 ①14, 14　②10, 10　③1

95

④104
4 ①15, 15 ②10, 10 ③1
④105

---

12 き本テスト② P.23-24 たし算(2)

1 ①〜④
```
  235
+  12
  247
```

2 ①16, 16 ②5 ③2 ④256
3 ①15 ②6 ③5 ④565

---

13 かんせいテスト P.25-26 たし算(2)

1 ①116 ②128 ③108 ④137
　⑤130 ⑥107 ⑦141 ⑧122
　⑨103 ⑩103 ⑪111 ⑫105
2 ①188 ②259 ③225 ④363
　⑤531 ⑥670
3 しき 72＋69＝141
　答え 141人
4 しき 525＋68＝593
　答え 593円

---

14 き本テスト P.27-28 ひき算(1)

1 ①〜③
```
  38
− 12
  26
```

2 ①9 ②2 ③29
3 ①5 ②3, 2 ③25

---

4 ①
```
   64      ②   36
 − 28        + 28
   36          64
```

ポイント

★ ひき算の ひっ算は くらいを たてに そろえて かいて, 一のくらいから 計算します。
★ ひき算では, ひき算の 答えに ひく数を たすと, ひかれる数に なります。
　この ことは, ひき算の 答えを たしかめる ときに つかいます。

---

15 かんせいテスト P.29-30 ひき算(1)

1 ①
```
   46      ②   58
 − 23        −  4
   23          54
```
③
```
   38      ④   27
 − 18        − 24
   20           3
```

2 ①36 ②63 ③73 ④84
3 ①34 ②58 ③26 ④25
　⑤7 ⑥2
4 ①〈計算〉　〈たしかめ〉
```
   36      19     ( 17
 − 17    + 17     (+ 19
   19      36     ( 36
```

② 〈計算〉　〈たしかめ〉

```
    7 2        4 4      2 8
  － 2 8      ＋ 2 8  ＋ 4 4
    4 4        7 2      7 2
```

5 (しき) 45－18＝27

(答え) 27こ

---

16 き本テスト①
P.31-32　　**ひき算(2)**

1 ①〜③
```
    1 3 8
  －   5 2
      8 6
```

2 ①3　②7　③73

3 ①4　②2, 2, 6　③64

4 ①8　②9　③98

---

17 き本テスト②
P.33-34　　**ひき算(2)**

1 ①2　②4　③1　④142

2 ①5　②8　③3　④385

3 ①8　②6, 4　③3　④348

4 ①7　②1, 0　③4　④407

---

18 かんせいテスト
P.35-36　　**ひき算(2)**

1 ①84　②45　③41　④50
　　⑤57　⑥70　⑦68　⑧56
　　⑨65　⑩33　⑪99　⑫96

2 ①236　②230　③346　④367
　　⑤432　⑥507

3 (しき) 105－48＝57
　　(答え) 57人

4 (しき) 252－25＝227
　　(答え) 227まい

---

19 き本テスト
P.37-38　　**たし算と　ひき算**

1 ①100　②100　③おなじ

2 ①78　②78　③おなじ

3 ⓘ

4 ①ⓐ40　ⓘ77　②ⓐ20　ⓘ69

5 ①ⓐ60　ⓘ50　②ⓐ64　ⓘ50
　　③ⓐ17　ⓘ30　④ⓐ75　ⓘ63

ポイント

★ たし算では，たす　じゅん
じょを　かえても，答えは
おなじに　なります。

---

20 かんせいテスト
P.39-40　　**たし算と　ひき算**

1 ①49　②84　③46　④75

2 ①36　②51　③68　④33

3 ①42　②73　③84　④52

4 ①48　②33　③29　④52

5 ①96　②94

6 (しき) 15＋7＋3＝25
　　　(または, 15＋(7＋3)＝25)
　　(答え) 25人

7 (しき) 26－17－3＝6
　　　(または, 26－(17＋3)＝6)
　　(答え) 6人

---

21 き本テスト
P.41-42　　**長　さ(1)**

1 ①3こぶん　②3cm

2 ①8こぶん　②8mm

3 10mm

4 ① 3cm7mm　② 37mm

5 ① しき　8cm5mm＋3cm
　　　　＝11cm5mm
　　　答え　11cm5mm
　② しき　8cm5mm－3cm
　　　　＝5cm5mm
　　　答え　5cm5mm

★・長さは，1cmが　いくつぶ
　ん　あるかで　あらわします。
　・1cmより　みじかい　長さ
　は　mmの　たんいで　あら
　わします。
★・1cmを　おなじ　長さに
　10に　わけた　1つぶんの
　長さを　1mmと　いいます。
　・1cmは　10mmです。
★　まっすぐな　線を　直線と
　いいます。

22 かんせいテスト P.43-44　長　さ(1)

1 ⓐ8mm　ⓘ2cm　ⓤ5cm2mm
　　ⓔ9cm　ⓞ12cm6mm

2 ①4cm　② 12cm

3 ①

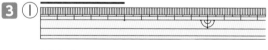

　　②

4 ①26　②(左から)5, 8　③100

5 ①7cm4mm　②3cm3mm
　　③2cm3mm　④1cm8mm

6 しき　8cm＋4cm6mm
　　　　＝12cm6mm
　　　答え　12cm6mm

7 しき　10cm－4cm5mm
　　　　＝5cm5mm
　　　答え　5cm5mm

23 き本テスト P.45-46　長　さ(2)

1 ①3こぶん　②3m

2 ①10こぶん　②100cm

3 ①1m25cm　② 125cm

4 ① しき　1m50cm＋40cm
　　　　＝1m90cm
　　　答え　1m90cm
　② しき　1m50cm－40cm
　　　　＝1m10cm
　　　答え　1m10cm

5 ①30cmの　ものさし
　②1mの　ものさし

6 ①＜　②＜

★　長い　長さを　あらわすに
　は，mと　いう　たんいを
　つかいます。
★　1mは　100cmです。

24 かんせいテスト P.47-48　長　さ(2)

1 ⓐ70cm　ⓘ1m10cm
　　ⓤ2m30cm

2 (左から)①1, 8　②3, 26

③405　④225

3 ①＜　②＜

4 ①cm　②m　③mm

5 ①5m　②2m50cm

6 しき　　1m38cm＋50cm
　　　　＝1m88cm
　　答え　1m88cm

7 しき　　9m－3m15cm
　　　　＝5m85cm
　　答え　5m85cm

---

25 き本テスト
P.49-50　　かさ(たいせき)

1 ①5はいぶん　②5dL

2 ①2はいぶん　②2L

3 ①10ぱい　②10dL

4 2L4dL

5 ①1000mL　②100mL

6 ①しき
　　　1L2dL＋1L3dL＝2L5dL
　　　答え　2L5dL
　　②しき
　　　1L3dL－1L2dL＝1dL
　　　答え　1dL

ポイント

★・水などの　かさを　はかる
　には，1デシリットル(1dL)
　ますを　つかいます。
　・大きな　かさを　はかるに
　は，1リットル(1L)ますを
　つかうと　べんりです。
　・1Lは　10dLです。

★・かさを　あらわす　たんい
　には，ほかに　ミリリットル
　(mL)が　あります。
　・1Lは　1000mLです。
　・1dLは　100mLです。

---

26 かんせいテスト
P.51-52　　かさ(たいせき)

1 ①9dL　②1L2dL　③5L
　④2L3dL

2 ①7dL　②1L3dL

3 ①2dL…3，2L…1，12dL…2
　②1L5dL…2，14dL…3，
　　16dL…1

4 ①20　②3　③18
　④(左から)2，4　⑤2　⑥3

5 ①2L2dL　②6dL

6 ①しき　　4dL＋2L＝2L4dL
　　答え　2L4dL
　　②しき　　2L－4dL＝1L6dL
　　答え　1L6dL

---

27 き本テスト
P.53-54　　時こくと　時間

1 ①1分　②60分　③8時15分
　④15分(15分間)

2 60分(60分間)

3 ①12時間　②12時間　③24時間

4 あ午前3時　　い午前5時30分
　う午後4時　　え午後8時30分

★ 時計の 長い はりが
1めもり うごく 時間は
1分です。1分の ことを
1分間とも いいます。

★ 時計の 長い はりは,
1時間で 1まわりします。

1時間=60分

★ 時計の みじかい はりは,
12時間で 1まわりします。

★ 1日=24時間

28 かんせいテスト
P.55-56 　時こくと　時間

1 ①午前9時15分 ②午後2時46分
③午後4時58分 ④午後7時26分

2 18分(18分間)

3 ①5時間 ②4時間 ③4時間

4 ①午後2時50分 ②午後2時7分

5 25分(25分間)

29 き本テスト
P.57-58 　三角形と　四角形

1 ①三角形 ②3本
③あちょう点 いへん

2 ①四角形 ②4本
③へん…4つ, ちょう点…4つ

3 直角

4 ①(どれも) 直角に なって いる。
②おなじ

5 ①(どれも) 直角に なって いる。
②おなじ

6 ①あ ②う ③い

★ 3本の 直線で かこまれ
た 形を **三角形**と いいま
す。

★ 三角形で, 直線の ところ
を へんと いい, かどの
点を ちょう点と いいます。

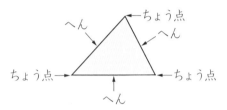

★ 4本の 直線で かこまれ
た 形を **四角形**と いいま
す。

★ 三角じょうぎの あや い
のような かどの 形を **直
角**と いいます。

★・4つの かどが, どれも
直角に なって いる 四角
形を **長方形**と いいます。

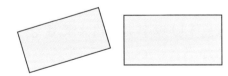

・長方形の むかいあって

いる　へんの　長<ruby>さ<rt>なが</rt></ruby>は　おなじです。

★　4つの　かどが, どれも<ruby>直角<rt>ちょっかく</rt></ruby>で, 4つの　へんの　<ruby>長<rt>なが</rt></ruby>さが, みな　おなじに　なっている　四角形を　正方形と　いいます。

★　1つの　かどが　直角になって　いる　三角形を　<ruby>直角三角形<rt>ちょっかくさんかくけい</rt></ruby>と　いいます。

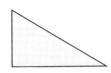 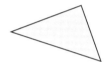

30 <ruby>三角形<rt>さんかくけい</rt></ruby>と　<ruby>四角形<rt>しかくけい</rt></ruby>

1 三角形…あ, お

　四角形…い, え, か

2 長方形…い, き　正方形…あ, く

　直角三角形…お

3 ①2つ　②1つ　③4つ

4 ①（れい）

② （れい）

5 （れい）

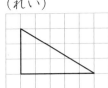

31 はこの　<ruby>形<rt>かたち</rt></ruby>

1 あへん　いちょう点　う面

2 ①あ2つ　い2つ　う2つ

　②6つ

3 ①正方形　②6つ

4 ①あ4本　い4本　う4本

　②8こ

5 あに　○

32 はこの　<ruby>形<rt>かたち</rt></ruby>

1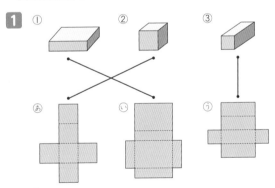

2 え

3 ①8つ　②6つ　③12

4 ①4つ　②2つ　③4つ　④8つ

33 ひょうと　グラフ

1 ①入った　②みさきと　ゆうな

　③5かいめ　④9かいめ

　⑤ゆうな　⑥2かい

2 ①そうま　②ひろと
③たくみ…5つ，そうま…6つ
えいた…4つ，ひろと…3つ
④2つ　⑤3つ

1 ①☀…9　☁…8　☂…3
②はれ　③1日　④6日
2 ①(右の
グラフ
②めだか
③ふな
④2ひき
⑤3びき

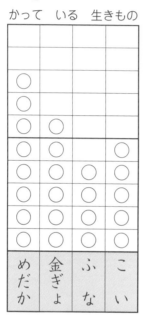

かって　いる　生きもの

めだか	金ぎょ	ふな	こい

1 ①5ばい　②2×5(=10)
③2+2+2+2+2(=10)
④10こ
2 ⊙
3 ①2　②4　③6　④8　⑤10
⑥12　⑦14　⑧16　⑨18
⑩5　⑪10　⑫15　⑬20
⑭25　⑮30　⑯35　⑰40
⑱45

1 ①14　②45　③20　④12
⑤40　⑥8　⑦10　⑧15　⑨4
⑩10　⑪30　⑫18　⑬6
⑭25　⑮35　⑯16
2 ▰▰▰▱
3 しき　2×8=16　答え　16本
4 しき　5×6=30　答え　30こ
5 しき　5×8=40　答え　40こ
6 しき　2×5=10　答え　10まい

1 ①3　②6　③9　④12　⑤15
⑥18　⑦21　⑧24　⑨27
⑩4　⑪8　⑫12　⑬16　⑭20
⑮24　⑯28　⑰32　⑱36
2 ①6　②12　③18　④24
⑤30　⑥36　⑦42　⑧48
⑨54　⑩7　⑪14　⑫21
⑬28　⑭35　⑮42　⑯49
⑰56　⑱63

1 ①15　②24　③49　④12
⑤18　⑥4　⑦6　⑧42
⑨54　⑩36　⑪28　⑫18
⑬24　⑭56　⑮30　⑯63
2 ①4　②4
3 しき　3×9=27　答え　27人
4 しき　4×8=32　答え　32こ

5 **しき** $6 \times 2 = 12$ **答え** 12cm

6 **しき** $7 \times 5 = 35$ **答え** 35人

39 **き本テスト** P.77-78 かけ算(3)

1 ①8 ②16 ③24 ④32
　　⑤40 ⑥48 ⑦56 ⑧64
　　⑨72 ⑩9 ⑪18 ⑫27
　　⑬36 ⑭45 ⑮54 ⑯63
　　⑰72 ⑱81

2 ①1 ②2 ③3 ④4 ⑤5
　　⑥6 ⑦7 ⑧8 ⑨9

3 ①4 ②6 ③5 ④7

4 (左から)①4，40 ②4，44
　　③ 44

40 **かんせいテスト** P.79-80 かけ算(3)

1 ①24 ②18 ③45 ④48
　　⑤8 ⑥32 ⑦27 ⑧6
　　⑨63 ⑩72 ⑪7 ⑫54
　　⑬40 ⑭9 ⑮81 ⑯64
　　⑰33 ⑱24 ⑲66 ⑳80

2 **しき** $8 \times 7 = 56$ **答え** 56円

3 **しき** $9 \times 4 = 36$ **答え** 36人

4 **しき** $1 \times 5 = 5$ **答え** 5こ

5 ①え ②く ③か ④け ⑤う
　　⑥き

41 **き本テスト** P.81-82 分数

1 ①$\frac{1}{2}$ ②$\frac{1}{4}$ ③分数

2 ①（れい） ②（れい） ③（れい）

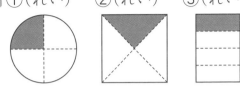

3 ①（れい） ②（れい） ③（れい）

4 ①$\frac{1}{2}$ ②$\frac{1}{4}$ ③$\frac{1}{8}$

42 **かんせいテスト** P.83-84 分数

1 ①$\frac{1}{4}$ ②$\frac{1}{2}$ ③$\frac{1}{8}$ ④$\frac{1}{2}$ ⑤$\frac{1}{4}$
　　⑥$\frac{1}{3}$ ⑦$\frac{1}{4}$ ⑧$\frac{1}{8}$

2 ①$\frac{1}{2}$ ②2つ

3 ①4つ ②4つ ③2つ ④2つ
　　⑤4つ

43 **かんせいテスト** P.85-86 いろいろな　もんだい(1)

1 **しき** $95 - 15 = 80$
　　答え 80円

2 **しき** $32 - 14 = 18$
　　答え 18こ

3 **しき** $15 + 7 = 22$
　　答え 22ひき

4 **しき** $35 + 25 = 60$
　　答え 60円

5 **しき** $10 - 4 + 1 = 7$
　　答え 7ばんめ

6 しき 8＋15＋1＝24

答え 24人

7 しき 6＋7－1＝12

答え 12さつ

8 しき 15－9＋1＝7

答え 7ばんめ

9 しき 23－14－1＝8

答え 8つ

44 かんせいテスト P.87-88 いろいろな もんだい(2)

1 ① しき 8＋4＝12

答え 12わ

② しき 13＋12＝25

答え 25わ

2 ① しき 7－5＝2

答え 2わ

② しき 15＋2＝17

答え 17わ

3 しき 16－8＋5＝13

（または，8－5＝3
16－3＝13）

答え 13だい

4 しき 18＋5＝23

（または，5＋18＝23）

答え 23こ

5 しき 32－18＝14

答え 14人

6 しき 21－13＝8

答え 8本

7 しき 24－6＝18

答え 18こ

8 しき 18＋12＝30

（または，12＋18＝30）

答え 30まい

45 P.89-90 しあげ テスト(1)

1 ①538　②4760　③900

④6800　⑤1500

2 ①

②

3 ①85　②146　③242　④76

⑤76　⑥304

4 ⓐ1cm8mm　ⓘ6cm

ⓤ9cm5mm　ⓔ12cm3mm

5 ①80　②(左から)4，6

③200

46 P.91-92 しあげ テスト(2)

1 ①14　②32　③54　④18

⑤35　⑥28　⑦36　⑧63

2 ①7dL　②1L4dL

3 ①30　②100　③1000　④5

4 長方形…ⓔ，ⓞ

正方形…ⓘ，ⓚ

直角三角形…ⓤ，ⓚ

5 午前8時5分

6 しき 17＋8＝25

（または，8＋17＝25）

答え 25こ

7 しき 7×8＝56

答え 56円